工业和信息化普通高等教育"十三五"规划教材

21世纪高等教育计算机规划教材

Access 数据库
应用基础

Access Database Application
Foundation

韦昌法 涂珊　主编

周知 吴世雯 黄辛迪　副主编

微课版

U0338282

人民邮电出版社

北　京

图书在版编目（CIP）数据

Access数据库应用基础：微课版 / 韦昌法，涂珊主编. -- 北京：人民邮电出版社，2020.9（2021.12重印）
21世纪高等教育计算机规划教材
ISBN 978-7-115-54272-4

Ⅰ．①A… Ⅱ．①韦… ②涂… Ⅲ．①关系数据库系统—高等学校—教材 Ⅳ．①TP311.138

中国版本图书馆CIP数据核字(2020)第107188号

内 容 提 要

　　本书共 8 章，主要内容包括：认识数据库、数据库和表、查询、窗体、报表、宏、VBA 程序设计基础及 VBA 数据库编程。本书在对 Access 数据库基础知识进行讲解的同时，以真实住院管理信息系统脱敏后的数据为案例贯穿全书，将理论知识整合到具体案例中，通过对案例的分析、设计及实现，帮助读者理解并掌握 Access 在数据管理与分析中应用的方法和操作技巧，达到边学边用、一学即会的学习效果。本书还配套有辅助教材《Access 数据库应用基础实践教程（微课版）》。

　　本书内容全面、阐述精简、深入浅出、文字流畅、通俗易懂，难易有度，可作为高等学校非计算机专业的数据库基础教材，也可作为数据库爱好者自学的参考书。

◆ 主　　编　韦昌法　涂　珊
　　副主编　周　知　吴世雯　黄辛迪
　　责任编辑　邹文波
　　责任印制　王　郁　陈　犇

◆ 人民邮电出版社出版发行　　北京市丰台区成寿寺路 11 号
　　邮编　100164　电子邮件　315@ptpress.com.cn
　　网址　http://www.ptpress.com.cn
　　固安县铭成印刷有限公司印刷

◆ 开本：787×1092　1/16
　　印张：15.75　　　　　　　2020 年 9 月第 1 版
　　字数：314 千字　　　　　　2021 年 12 月河北第 5 次印刷

定价：49.80 元
读者服务热线：(010)81055256　印装质量热线：(010)81055316
反盗版热线：(010)81055315
广告经营许可证：京东市监广登字 20170147 号

本书编委会

主　　编：韦昌法　涂　珊

副主编：周　知　吴世雯　黄辛迪

编　　委：（按姓氏拼音排列）

　　　　　褚志宏　黄辛迪　李小智　刘　凡

　　　　　罗铁清　任学刚　涂　珊　王　茜

　　　　　王林峰　韦昌法　吴世雯　徐宏宁

　　　　　周　知　邹　慧

前　言

大数据时代已经来临，人类的生存方式和发展模式、人类认识世界和判断价值的方式正在发生巨大变化。数据库技术可以帮助人类高效地对大量信息进行收集、存储、加工、处理、分析和利用，充分发挥数据的价值。数据库知识、能力和素质已经成为当今大学生信息素养的重要组成部分。

数据库技术是信息系统最重要的基石，其核心内容是利用计算机系统进行数据管理，它促成了信息系统广泛应用于社会各行业。"数据库应用基础"课程是大学计算机基础教学的核心课程，其教学目标是：培养学生利用数据库技术对信息进行管理和加工的能力，对数据进行表达、分析和利用的能力，使用数据库管理系统产品和数据库应用开发工具的能力，对事物进行数据化的能力，以及对数据交叉复用价值的理解能力。

"数据库应用基础"是许多医药院校的公共必修课程。它是一门应用性很强的课程，开展与数据库相关的教学可以使学生掌握数据库基础知识，提升学生建设和利用数据库的能力，培养学生的数据思维和解决实际问题的能力，为他们学习专业知识、开展自主学习和研究性学习奠定基础。

医药院校在开设"数据库应用基础"这门课程时不能照搬其他综合性院校的教学模式，需要结合自身的专业背景，研究组织有医药特色、有前沿性和时代性的教学内容；在教学模式与方法、教学质量评价上进行改革，体现出课程的创新性，并适当增加课程难度，体现出课程的挑战性；在教学过程中将知识传授、能力培养和素质提升有机融合，培养学生解决复杂问题的综合能力。

本套教材包含《Access 数据库应用基础（微课版）》和《Access 数据库应用基础实践教程（微课版）》，教材的主要特点如下。

（1）以医药行业真实案例（数据已经脱敏处理）贯穿全书，使学生更易理解数据库基础知识，掌握数据库基本操作。主教材《Access 数据库应用基础（微课版）》以住院管理信息系统案例贯穿全书，在进行 Access 数据库基础知识讲解的同时，将理论知识整合到具体案例中，通过对案例的分析、设计及操作实现，能使读者充分理解并掌握 Access 在数据管理与分析中的应用方法和操作技巧，达到边学边用、一学即会的学习效果。实践教材《Access 数据库应用基础实践教程（微课版）》以门诊管理信息系统案例贯穿全书，安排了大量的实践内容，由浅入深、一步一步地引导学生进行数据库的设计、创建、使用和管理，提升学生建设和利用数据库的能力。

（2）教材中配有丰富的教学例题。例题是为帮助学生理解、掌握教学内容而设计的数据库操作范例。学生通过阅读这些例题，可以做到举一反三，加深对所学内容的理解和掌握，逐步培养自己的数据思维和数据库操作能力。

（3）采用了"纸质教材+数字资源"的形式，即纸质教材与丰富的数字化资源协同配套。纸质教材的内容精练适当，通过标注表明了知识点与数字化资源的关联关系；数字资源包括教学 PPT、微视频和配套数据库素材文件等。

（4）主教材《Access 数据库应用基础（微课版）》在每章最后都附有多种类型的习题和思考题，以帮助学生复习、巩固所学知识。实践教材《Access 数据库应用基础实践教程（微课版）》安排了大量由浅入深的实验，逐步培养学生的数据库操作能力。

本套教材可以作为高等院校数据库相关课程的教材，也可以作为高职院校、专科学校的教材，以及全国计算机等级考试（NCRE）或其他认证培训课程的培训教材。

本书共 8 章，由韦昌法、涂珊担任主编并组织编写，周知、吴世雯、黄辛迪担任副主编。第 1 章由王林峰编写，第 2 章由韦昌法编写，第 3 章由涂珊编写，第 4 章由黄辛迪编写，第 5 章由李小智编写，第 6 章由任学刚编写，第 7 章由周知编写，第 8 章由吴世雯编写，邹慧负责本书中住院管理信息系统案例的数据库框架及数据库表中所有数据的整理，褚志宏、刘凡、王茜、徐宏宁参与例题的整理和审核。

在本书编写过程中，尽管所有组织者和编写者竭尽所能、精心策划、认真编写、仔细校对，但因水平与能力所限，书中难免存在不妥之处，敬请读者批评指正。

编　者

2020 年 5 月

目　录

第1章
认识数据库

数据库技术作为数据管理的有效手段，产生于20世纪60年代末。随着计算机软硬件技术的发展，数据库技术已经十分成熟，并且应用于各行各业，越来越多的领域采用数据库技术管理数据资源。在日常生活中，与数据库技术有关的应用随处可见，例如网上购物平台、铁路12306购票平台、医院信息系统、教务系统、网上银行等。数据库已然成为日常生活中不可或缺的一部分。本章将介绍数据库的相关概念及理论知识，并对Access数据库进行简单的介绍。

本章的学习目标如下。

（1）熟悉目前主流的关系型数据库技术。

（2）掌握数据库设计的流程。

（3）熟悉Access的功能。

1.1 基 本 概 念

在介绍数据库理论知识前，有必要对与数据库相关的概念进行介绍。数据、数据库、数据库管理系统、数据库系统是数据库技术的4个基本概念。

1. 数据

在人们的感性认识中，数据往往就是数字，如90、100.5、$200、¥500。其实，数字只是数据的一种，广义的理解认为数据的种类很多，除数字外，还包括文本、图像、图形、音频、视频等。早期的计算机系统主要用于数值计算，只能够处理数值型数据，而现代的计算机系统能够存储和处理各类数据，这些数据均被数字化后存入计算机中。

数据的一般定义为：描述事物的符号记录。数据有多种表现形式，现实生活中往往需要对数据进行解释才能用它准确地描述事物。例如，95，既可以表示一门课程的成绩，也可以表示一个人的体重。对数据的解释也被称为语义。数据对事物的描述与语义是密不可分的。

在计算机系统中，数据的存储介质有多种，例如硬盘、U 盘、软盘等设备。不同类型的数据，存储形式可以不同。例如，文本和数值型数据可以存储在 TXT、Word、Excel 等文档中，也可以存储在数据库中；音频、视频、图像一般以文件形式存储，也可以以二进制流形式存储在数据库中。不同的存储形式对数据的管理方式也不同。

2. 数据库

数据库意为存放数据的仓库，可以将数据按一定的格式存储以便有效管理。其标准定义为：长期存储在计算机内的、有组织的、可共享的数据集合。数据库中的数据按一定的数据模型实现组织、描述和存储，具有低冗余性、高独立性、易拓展性，并可被多个用户共享。

现实生活中，很多数据需要收集并长期保存，例如，每个学生的学籍和成绩等信息。在信息技术快速发展的今天，互联网与各行业各领域的深度融合，使得数据库的应用需求不断加大，且随着时间的推移，数据量急剧增加。如果还像过去那样将数据手工记录在文件档案中，则数据的管理将会变得非常困难，而现在人们借助数据库技术可以科学、有效地保存和管理大量且复杂的数据，还可以随时快速检索到所需要的数据。

3. 数据库管理系统

数据库管理系统（Database Management System，DBMS）是为建立、使用和维护数据库而开发的管理软件。它是一种系统软件，负责对数据库进行统一管理和控制。数据库管理系统的功能一般包含以下几个方面。

（1）数据定义。数据库管理系统提供数据定义语言（Data Definition Language，DDL），用户通过该语言可以对数据库中的数据对象的组成和结构进行定义。

（2）数据存取。数据库管理系统要分类组织、存储和管理各种数据；要确定数据的组织结构和存储方式及数据之间的联系。数据库管理系统提供了多种存取方法（如顺序查找、Hash 查找、索引查找等）来提高数据的存取效率。

（3）数据操纵。数据库管理系统提供数据操纵语言（Data Manipulation Language，DML），用户可以使用它对数据进行基本操纵，如数据的添加、修改、删除、查询等。

（4）数据保护。为了保证数据库数据的安全可靠和正确有效，数据库管理系统提供统一的数据保护功能。数据保护也称为数据控制，主要包括数据库的安全性、完整性，多用户对数据的并发使用控制和故障恢复。

（5）数据库的维护。这一部分包括数据库的数据载入、转换、转储，数据库的重组织及性能监控等功能。

（6）其他功能。包括数据库管理系统与网络中其他软件系统的通信功能，数据库管理系统之间的数据转换功能，异构数据库之间的互访和互操作功能等。

4. 数据库系统

数据库系统（Database System，DBS）是由数据库、数据库管理系统、应用程序、硬件系统、数据库管理员和普通用户组成的系统，是实现有组织地、动态地存储大量相关数据，提供数据处理和信息资源共享的便利手段。其中数据库提供数据的存储功能，数据库管理系统提供数据的组织、存取、管理和维护等功能，应用程序根据应用需求使用数据库，数据库管理员负责管理整个数据库系统，普通用户是数据库系统的使用者。数据库系统的层次结构如图 1-1 所示。

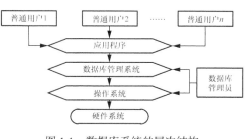

图 1-1　数据库系统的层次结构

事实上，数据库系统即引入数据库技术后的计算机系统，其中数据库管理系统是数据库系统的核心。通常情况下，人们把数据库系统简称为数据库。

1.2　数据管理技术的发展历程

数据管理是指对数据进行分类、编码、存储、组织、检索、加工、维护等一系列活动。在计算机软硬件系统不断发展的基础上，随着应用需求的不断变化，数据管理技术的产生和发展经历了人工管理、文件系统、数据库系统 3 个阶段。

1.2.1　人工管理阶段

在 20 世纪 50 年代之前，计算机硬件设备技术落后，只有卡片、磁带，而没有磁盘等可直接存取的外存设备。当时没有操作系统，也没有专门管理数据的软件系统。该阶段数据管理的特点是数据和应用程序一一对应，如图 1-2 所示。数据由应用程序计算和处理。应用程序不仅要对数据的逻辑结构进行定义，还要设计数据的物理结构，包括存储结构、存取方法、输入方式等。由于应用程序依赖于数据的物理组织，因此数据的独立性差，不能被长期保存，且冗余性高。

图 1-2　人工管理阶段应用程序与数据之间的对应关系

1.2.2　文件系统阶段

20 世纪 50 年代后期至 60 年代中期，随着硬盘等直接存储设备的出现，加上软件系统的发展，操作系统中开始配备专门管理数据的软件，数据管理技术进入文件系统阶段。该阶段应用程序与数据之间的关系如图 1-3 所示。

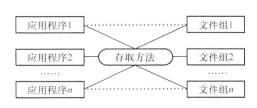

图 1-3　文件系统阶段应用程序与数据之间的关系

文件系统管理数据的方式为：将数据组织成相互独立的数据文件，利用"按文件名访问，按记录存取"的管理技术，提供了对数据文件进行打开与关闭、对记录进行读写等功能。在文件系统阶段，数据虽然能够长期保存，但由于一个数据文件仍对应于一个应用程序，当不同的应用程序具有相同的数据时，也必须各自建立自己的数据文件，而不能共享相同的数据，因此文件系统管理数据仍存在数据共享性差、冗余度高、独立性差等缺点。

1.2.3　数据库系统阶段

20 世纪 60 年代后期以来，软硬件技术快速发展，应用需求越来越复杂，使得计算机管理的对象规模越来越大，数据量急剧增长。在此背景下，文件系统作为管理数据的手段已不能满足应用需求。为了克服文件系统的弊端，实现对数据的集中统一管理、应用程序与数据的相互分离、多用户数据共享等，数据库技术应运而生，数据管理进入数据库系统阶段。此时已有专门的数据管理软件，即数据库管理系统。该阶段应用程序与数据之间的关系如图 1-4 所示。

图 1-4　数据库系统阶段应用程序与数据之间的关系

数据库系统阶段采用数据模型表示复杂的数据结构，用全局的观点集成各种应用的数据，构成全局数据结构文件，由数据库管理系统统一管理。因此数据不再面向单独的应用程序，而是面向整个系统，这是数据库系统阶段与文件系统阶段的根本区别。

数据库系统的发展由早期的层次数据库、网状数据库再到现今的关系数据库，其与文件系统阶段相比，具有如下特点和优势：数据集成性高、数据共享性高、数据冗余度低、数据独立性高、数据统一管理和控制。

1. 数据集成性

数据的集成性也称为数据的结构化，是数据库的主要特征之一。数据库系统的数据集成性主要表现在以下几个方面。

（1）在数据库系统中采用统一的数据结构方式。

（2）在数据库系统中按照多种应用的需要组织全局的、统一的数据结构，既要建立全局的数据结构，又要建立数据间的语义联系，从而构成一个内在紧密联系的数据整体。

（3）数据库系统中的数据模式是多个应用共同的、全局的数据结构，而每个应用的数据是全局数据结构中的一部分，这种全局与局部相结合的结构模式构成了数据库数据集成性的主要特征。

2. 数据高共享性与低冗余性

数据的集成性高，使得数据可被多个应用程序共享，而数据共享极大地降低了数据的冗余性，这样不仅节省存储空间，也避免了数据的不一致性。

3. 数据独立性

数据独立性是指数据库中的数据独立于应用程序且不依赖于应用程序，即数据的逻辑结构、存储结构与存取方式的改变不会对应用程序造成影响。数据独立性是数据库管理数据的一个显著优点，其包括数据的物理独立性与逻辑独立性两个方面。

数据的物理独立性是指数据的物理存储与应用程序是相互独立的。数据物理存储结构、存取方式的改变不会影响数据库的逻辑结构，也不会影响应用程序。也就是说，数据在数据库中怎样存储由数据库管理系统决定，而非应用程序。

数据的逻辑独立性是指数据的逻辑结构与应用程序是相互独立的。也就是说，数据的逻辑结构改变，不会对应用程序造成影响。

4. 数据统一管理和控制

为了保证数据的准确性，数据库系统提供了数据统一管理和控制功能，主要表现在以下4个方面。

（1）数据的安全性保护。数据库管理系统检查数据库访问用户以防止出现非法访问，并且每个用户只能按规定对某些数据以某些方式进行使用和处理。

（2）数据的完整性检查。数据的完整性包括数据的正确性、有效性和相容性。完整性检查将数据控制在正确、有效的范围内。

（3）数据的并发控制。为了避免多个用户对同一数据同时进行存取和修改时产生的干扰，必须对多用户的并发操作进行控制和协调。

（4）数据恢复。计算机软硬件故障和数据库管理员无意或者恶意地破坏均会影响数据的安全性和正确性，因此数据库管理系统提供了数据恢复功能，能够将数据库从错误状态恢复到某一时间点的正确状态。

1.3　数　据　模　型

现有的数据库系统都是基于数据模型建立的，数据库系统需要根据应用程序中数据的性质、内在联系，并按照管理的要求设计和组织数据。正如飞机、汽车模型一样，数据模型是对现实世界中事物的模拟、描述和表示，使现实世界事物的客观特性能够以数据的形式在数据库系统中得以存储和操作。

数据模型

将事物的客观特性在计算机中具体表示包括了现实世界、信息世界和计算机世界 3 个层面。

（1）现实世界是指客观存在的事物及其相互间的联系。现实世界中的事物有着众多的特征，事物间有着千丝万缕的联系，但人们只选择感兴趣和所需要的一部分来描述。如学生，人们通常用学号、姓名、班级、成绩等特征来描述和区分，而对其身高、体重、长相不太关心；而如果对象是演员，则可能正好截然相反。事物可以是具体的、可见的，也可以是抽象的。

（2）信息世界是指人们把现实世界事物及事物间联系的客观特性用"符号"记录下来，然后用规范化的方式来定义描述而构成的一个抽象世界，是对现实世界的一种抽象描述。在信息世界中，不是简单地对现实世界进行符号化，而是要通过筛选、归纳、总结、命名等抽象过程产生出概念模型。

（3）计算机世界是将信息世界的内容数据化后的产物。将信息世界中的概念模型进一步地转换成数据模型，形成便于计算机处理的数据表现形式。

为了把现实世界中的具体事物抽象描述为计算机可存储和加工的数据，首先需要将现实世界抽象为信息世界，然后将信息世界转换为计算机世界。也就是说，首先把现实世界中的客观事物抽象为一种信息结构，这种结构既与计算机系统无关，也与数据库系统无关，是一种概念级的模型。再将概念模型转换为计算机上某一数据库管理系统支持的数据模型，即实现了信息世界到计算机世界的转换，该过程如图 1-5 所示。相关的概念对应关系如图 1-6 所示。

图 1-5　现实世界到计算机世界对事物描述的转换过程示意图

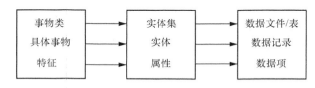

图 1-6　3 个层面的术语对应关系

1.3.1　数据模型的三大要素

数据模型从抽象层次上描述了现实事物在数据库中的静态特征、动态行为及约束条件，因此数据模型通常由数据结构、数据操作和数据约束三大要素组成。

（1）数据结构即数据在数据库中的存储结构，是数据模型的核心，是描述一个数据模型性质最重要的要素。数据结构描述的内容有两类：一类与数据库对象有关，另一类与数据之间的联系有关。数据结构描述了数据库对象的静态特征。

（2）数据操作是相应数据结构上允许执行的操作及操作规则的集合。数据库主要包含检索和更新（包括新增、删除和修改）两大类操作，数据模型必须定义这些操作的确切含义、操作符号、操作规则及实现操作的语言。数据操作描述了数据库对象的动态行为。

（3）数据约束是一组完整的数据约束条件的集合。也就是说，具体的应用数据必须遵循特定的约束条件，以保证数据正确、有效和相容。例如，学生信息表中学号取值必须唯一，且不能为空等。数据约束描述了数据库对象的约束条件。

1.3.2　数据模型的类型

数据模型要真实地描述现实世界的事物，不仅要容易被人理解，还要便于在计算机中实现，因此在数据库系统中会根据不同应用层次采用不同的数据模型。这些数据模型通常划分为 3 类：物理数据模型、概念数据模型、逻辑数据模型。

（1）物理数据模型也称物理模型，是面向计算机系统的模型。其着重于数据在计算机系统中的表示方式和存取方法的实现。物理数据模型的实现由数据库管理系统完成，普通用户不需要考虑物理模型的实现细节。

（2）概念数据模型简称概念模型，是一种面向用户，容易被用户理解的模型，与具体的数据库系统无关。概念模型着重于准确、简洁地描述现实世界的事物及事物间的内在联系，主要用于数据库设计。目前最常用的概念数据模型为实体联系模型（E-R 模型）。

（3）逻辑数据模型也称数据模型，是面向数据库系统的模型。其着重于在数据库系统中的实现。现有的逻辑数据模型有：层次模型、网状模型、关系模型和面向对象模型等，其中关系模型是目前广泛使用的一种逻辑数据模型。

1. 实体联系模型

实体联系模型（Entity Relationship Model，E-R 模型）通过实体及实体之间的联系来反映现实世界。E-R 模型是现实世界到计算机世界的一个中间层次（信息世界），通过建模实现对现实世界事物及事物间联系的抽象描述。它是数据库设计的有力工具，是必不可少的一个环节。

实体联系模型

在 E-R 模型中，有 3 个重要概念，分别是实体、属性、联系。

（1）实体。现实世界中客观存在的事物称为实体。实体不仅可以是具体的人、事、物，还可以是抽象的概念和联系。例如，一名学生、一门课程、一名医生、一个科室、一条医嘱等都属于实体。同一类型实体的集合称为实体集。例如，全体学生就是一个实体集。

（2）属性。实体所具有的特性称为属性，属性反映了实体的特征。一个实体由若干个属性刻画。例如，病人实体由编码、姓名、性别、出生日期、家庭地址、所属科室、医生等属性构成，这些属性的组合反映了一位病人的特征。

（3）联系。现实世界的事物间通常是存在联系的，这种联系在 E-R 模型中表现为实体集之间的联系。例如，学生和老师通过"教学"建立联系，病人和医生通过"看病"建立联系。

E-R 模型采用 E-R 图对现实世界的事物及联系进行抽象描述，该过程也称为信息世界的概念建模。E-R 图中用 3 种不同的图形来表示 E-R 模型中的 3 个概念。其对应关系如表 1-1 所示。

表 1-1　　　　　　　　　　　　　　E-R 图中的图形及其表示的概念

概　念	图　形	表　示　方　法
实体集	矩形	学生　　课程
属性	椭圆形	学号　　课程名
联系	菱形	选修

在 E-R 模型中，实体集之间的联系通常分为一对一、一对多和多对多 3 种类型，如表 1-2 所示。

表 1-2　　　　　　　　　　　　　　　实体集间联系的类型

联　系	概　念　说　明	例　子	图　例
一对一（1:1）	实体集 A 中的每一个实体与实体集 B 中的一个实体相联系，反之亦然，这种关系称为一对一联系	一所医院只有一名院长，且一名院长不能在多所医院兼任院长	医院　　院长
多对多（n:m）	如果实体集 A 中的每一个实体，在实体集 B 中都有多个实体与之对应，反之亦然，这种关系称为多对多联系	一名学生可以选修多门课程，一门课程也可以被多名学生选修	学生1　课程1　学生2　课程2　学生3　课程3
一对多（1:n）	实体集 A 中的每一个实体，在实体集 B 中都有多个实体与之对应；实体集 B 中的每一个实体，在实体集 A 中只有一个实体与之对应，这种关系称为一对多联系	一名医生通常需要管理多位住院病人，而一位住院病人对应一名医生	病人1　医生　病人2　病人3

由于属性依附于实体集，因此它们之间有连接关系。在 E-R 图中使用直线将两种图形连接起来表示现实世界的事物，如学生实体集可用图 1-7 表示。

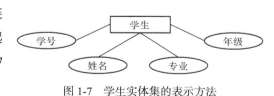

图 1-7　学生实体集的表示方法

联系反映两个实体集之间的相关关系，因此联系也依附于实体集。在 E-R 图中使用直线将表示联系的菱形与表示实体集的矩形连接起来，并用数字注明联系的类型。例如，学生和课程之间通过选修建立联系，如图1-8所示。

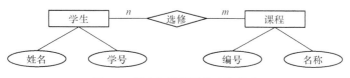

图 1-8 学生和课程间的选修联系

图1-8中，n 和 m 代表学生和课程间的选修联系为多对多的联系。学生与课程两个实体集具有相关属性，事实上，联系也可以具有相应属性。例如，"选修"联系有选课时间等属性，只有通过这些属性才能完整体现学生与课程的关系。

2. 关系模型

关系模型是由时任美国 IBM 公司研究员的埃德加·弗兰克·科德（Edgar Frank Codd）提出来的。他开创了数据库关系方法和关系数据理论的研究。为数据库技术奠定了理论基础。正因如此，科德于 1981 年获得了 ACM（Association for Computing Machinery）图灵奖。

关系模型

关系模型是目前最常用的逻辑数据模型之一，关系模型的数据结构非常单一。在关系模型中，现实世界的事物及事物间的联系均采用关系来表示。采用关系模型作为数据组织方式的数据库也称为关系型数据库。

（1）关系模型的数据结构

简单来说，关系模型由一组关系构成，每个关系的数据结构都是一张二维表格。例如，教务系统中的学生信息、课程信息及学生选课信息，分别如表1-3、表1-4和表1-5所示。

表 1-3 学生信息表

学　号	姓　名	年　级	性　别	专　业	学　院
2018001	张三	2018	男	计算机科学与技术	信息科学与工程学院
2018002	李四	2018	男	临床医学	医学院
2018003	李红	2018	女	中医学	中医学院
2018004	王五	2018	男	针灸推拿	针灸推拿学院
……	……	……	……	……	……

表 1-4 课程信息表

课程编号	课程名称	任课老师	课程性质	学　分
C001	音乐鉴赏	李洁	公共选修	3
C002	美食文化	蒋艳	公共选修	2
C003	人工智能概述	王明	专业选修	2
……	……	……	……	

表 1-5 　　　　　　　　　　　　　学生选课信息表

学　　号	课 程 编 号	选 课 日 期
2018001	C001	2018.3.2
2018001	C003	2018.3.3
2018003	C002	2018.3.4
……	……	……

在关系模型中，有以下几个概念需要掌握。

① 关系。一个关系对应一张二维表，关系既可以表示实体集（例如学生和课程），也可以表示实体集之间的联系（例如学生选课信息）。

② 元组。关系表中的一行即为一个元组。

③ 属性。关系表中的一列即为一个属性，列名即属性名，通常也称为字段。属性描述了实体的特征。

④ 码。码也称为键（主键）。键通常为表中的一个或一组属性，是一个元组的唯一标识。例如，学生信息表中的学号属性，由于其具有唯一性，因此可以作为学生信息表的键来唯一标识一名学生。而学生选课信息表中，单独的学号或课程编号无法作为学生选课信息表的键，因为两者都可能存在重复的值，只有学号和课程编号组合起来才能作为学生选课信息表中的键。这样的键也称为关系表的主键。如果关系表中的某个属性来自另一个关系表中的主键，这样的属性通常称为外键。

⑤ 域。域是一组具有相同数据类型的值的集合。关系表中属性的取值范围来自某个域。例如，在教务系统的学生信息表和教师信息表中，"性别"属性的取值范围均为{男,女}，"年龄"属性的取值范围均为 1～120 岁，"学院"属性的取值范围为该校所有的二级学院名称的集合。

⑥ 分量。元组中的一个属性值，可视为关系表中的一个单元格的值。

⑦ 关系模式。对关系的描述，一般表示为关系名(属性1,属性2,…,属性n)，其中关系名即实体所对应的关系表在数据库系统中的名称。例如，表 1-3 所示的学生关系可描述为：学生信息表(学号,姓名,年级,性别,专业,学院)。

关系模型要求关系必须满足一定的规范条件，最基本的是每个分量必须具有原子性，是不可分割的基本数据项。另外，关系中的元组和属性通常要满足唯一性要求，即数据表中不允许出现完全相同的两条记录或两个字段，否则会造成数据冗余。

（2）关系模型的数据操作。关系模型的数据操作建立在关系表上，操作的对象和结果都是关系表。数据操作的类型一般分为查询、增加、修改和删除元组 4 种。

① 数据查询。用户可以根据自定义条件查询所需要的数据，查询的对象可以是一个关系表，也可以是多个关系表组合。

② 数据增加。数据增加只对一个关系表进行操作，且一次操作对应添加一个元组，所添加的元组按顺序排列在关系表数据集合中的最后位置。

③ 数据修改。数据修改是修改一个关系表中满足指定条件的元组与属性值。

④ 数据删除。删除一个关系表中部分或所有的元组。

（3）关系模型的完整性约束

在进行数据操作时，必须满足关系模型的完整性约束条件。关系的完整性约束条件有 3 类：实体完整性约束、参照完整性约束和用户自定义的完整性约束。前两种约束是任何一个关系数据库都必须满足的，由数据库管理系统自动支持。用户定义的完整性约束是指用户使用关系数据库提供的完整性约束语言自定义约束条件。

① 实体完整性约束。若属性（属性组）A 是关系表的主键，则 A 不能取空值。例如，在上述学生信息表中，"学号"不能为空；在上述学生选课信息表中，学号和课程编号均不能为空。

② 参照完整性约束。若属性（属性组）A 是关系表 M 的外键，对应于关系表 N 中的主键，那么关系表 M 中的每个元组的 A 属性值要么取空值，要么取值来自关系表 N 中 A 属性值的集合。例如，在表 1-6 所示的住院系统中的病人信息表中，"医生编码"属性为该表的外键，该属性为医生信息表中的主键，那么该表中每一个元组的医生编码的取值可以为空，意味着该病人暂未分配主管医生；如果不为空，那么取值必须来自医生信息表中的某个"医生编码"，因为不可能分配一个不存在的医生。

表 1-6 住院系统中的病人信息表

病 人 编 码	病 人 姓 名	病 人 性 别	家 庭 地 址	医 生 编 码
p00001	万庆伏	男	湖南省醴陵市沩山镇	1147
p00002	贾中华	女	湖南省醴陵市泗汾镇	
p00003	于建家	男	湖南省醴陵市板杉镇	1082

③ 用户自定义的完整性约束。用户自定义的完整性约束通常是为了满足行业或领域的应用需求而设定的，例如，某个属性的取值必须限定在 1～100 范围内等。

正是由于关系模型的概念单一，实体及实体之间的联系均采用关系表来表示，对数据操作的结果也以关系表形式来呈现，因此数据结果简单、清晰，既便于运算，也易懂易用。

1.4　数据库设计基础

设计数据库是软件开发过程中一个必不可少的阶段。设计数据库的目的是设计出满足实际应用需求的数据模型，使应用系统能够有组织地对数据进行管理，用户能够快速、高效地访问应用系统中的数据，最终满足用户的各种应用需求。

数据库设计的方法有多种，如统一建模语言（Unified Model Language，UML）、基于 E-R 模型的设计方法、第三范式（3NF）、面向对象的数据库设计方法等。本节将围绕基于 E-R 模型方法的关系数据库设计进行介绍。

1.4.1　数据库设计的原则

为了保证数据库中数据的存取效率、数据库存储空间的利用率及数据库系统运行管理的效率，关系数据库设计应遵循以下基本设计原则。

1. 一个关系表仅表示一个实体集或一个联系

在设计数据库时，首先要分离实体，使每个实体尽量独立，然后确定实体集之间的联系，每个关系表仅描述一个实体集或实体集间的一个联系。避免设计大而杂的表，这样才能简化数据的组织和维护工作，保证应用程序的运行效率。

例如，在住院系统中，应是住院病人对应一张关系表，医生对应一张关系表，病人和医生的信息分别保存在对应的关系表中，而不是把医生和住院病人的信息设计在一张关系表中。

2. 避免在关系表之间出现重复字段

除了保证关系表中有反映与其他表之间存在联系的外键以外，还应尽量避免在表之间出现重复字段，其目的在于减少数据冗余、节省存储空间、保证数据的一致性。例如，住院病人对应有一名医生，那么在住院病人信息表中有一个外键，即医生编码来反映病人与医生之间的联系，住院病人信息表中不应再出现医生的姓名等字段信息，需要时可以通过医生编码从医生信息表中查询更多的详细信息。

3. 关系表中的字段必须为原始数据

关系表中不应该出现可以通过计算得到的"二次数据"。例如，在住院病人信息表中有一个出生日期字段，那么就不应该再出现年龄字段，因为年龄可以通过出生日期计算得出。

1.4.2　数据库设计的步骤

数据库设计通常包括需求分析、概念结构设计、逻辑结构设计 3 个步骤。对专业的数据库管理员来说，数据库设计除了以上 3 个步骤外，还包括物理结构设计、数据库实施、数据库运行与维护。本小节将以医院信息系统中住院管理功能为例，重点介绍数据库设计的前 3 个步骤。

1. 需求分析

进行数据库设计前必须准确了解与分析用户需求，这是整个设计过程的基础，也是最难的一步。需求分析结果是否准确反映用户的实际需求将直接影响后续设计阶段，如果需求分析做得不好，则可能导致整个数据库设计返工重做，并且影响设计结果的合理性和实用性。

对用户的需求分析主要包括以下 3 个方面的内容。

（1）信息要求。用户需要从数据库获取的信息内容。信息要求定义了应用系统对数据的要求，即在数据库中需要存储哪些数据及数据的类型是什么。

（2）处理要求。用户要对数据进行什么样的处理及处理的性能要求。

（3）安全性与完整性要求。在定义信息要求和处理要求时确定数据的安全性和完整性约束。

需求分析就是通过不断地与用户交流，逐步确定和完善用户的实际需求的过程。设计人员通常通过跟班作业、开调查会、请专人介绍、询问、设计调查表、查阅记录等方式进行需求分析，很多时候要综合采用上述多种方式进行分析。

简化的住院业务需求可用图 1-9 所示的数据流程图表示。

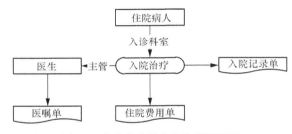

图 1-9　简化的住院业务数据流程图

通过需求分析，可确定住院管理的信息要求如表 1-7 和表 1-8 所示。

表 1-7　　　　　　　　　　　　住院管理信息要求分析（实体及属性）

实 体 集	属 性
病人	编码、姓名、性别、出生日期、家庭住址、入院时间等
医生	编码、姓名、性别、职称、类别、电话号码等
医嘱	编码、医嘱内容、开嘱时间、数量、单位、规格、用法等
费用	编码、项目名称、登记时间、规格、单位、剂量、金额等
科室	编码、名称

表 1-8　　　　　　　　　　　　住院管理信息要求分析（联系及属性）

联系（类型）	属 性
医生-病人（1:n）	医生编码、病人编码
科室-病人（1:n）	科室编码、病人编码
医嘱-病人（n:1）	医嘱编码、病人编码
费用-医嘱（n:1）	费用编码、医嘱编码

数据处理要求为对住院病人、医嘱、费用等信息的增加、修改、删除与查询等操作。

2. 概念结构设计

概念结构设计是数据库设计的关键阶段，即将需求分析阶段得到的用户需求抽象为概念模型。E-R 图是概念结构设计的常用工具。

住院系统业务所涉及的实体和实体间的联系用 E-R 图表示，如图 1-10 所示。注：图中只列出部分属性。

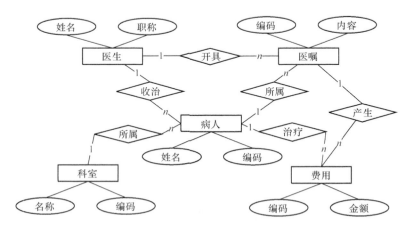

图 1-10　住院管理 E-R 图

3. 逻辑结构设计

逻辑结构设计是将概念结构转换为某个数据库管理系统所支持的逻辑数据模型。由于目前绝大多数的应用系统均采用支持关系数据模型的关系型数据库管理系统，因此住院系统的逻辑结构设计是将 E-R 图转换为关系表。

E-R 模型向关系模型转换的一个原则是：将实体集转换为一个关系表，将实体集的属性转换成关系表的属性。实体集间的联系是否转换成关系表，需要根据情况而定。

（1）一个 1:1 的联系可以转换为一个独立的关系表，也可以与任意一端实体集对应的关系表合并。如果转换为一个独立的关系表 A，则两个实体集所对应的关系表的主键需作为该关系表 A 的属性。如果与某一端实体集对应的关系表合并，则需要在该关系表的属性中加入另一个实体集的主键。在实际应用过程中通常采用后种方式实现。

（2）一个 1:n 的联系可以转换为一个独立的关系表，也可以与 n 端实体集对应的关系表合并，处理的方式同上所述。

（3）一个 n:m 的联系通常转换为一个独立的关系表。该关系表的属性中需加入两端实体集所对应的关系表的主键。

依据以上原则，将上述概念结构的 E-R 图转换为逻辑结构的关系表，如表 1-9 至表 1-13 所示。

表 1-9　　　　　　　　　　　　　　　　　住院病人信息表

属　性	数 据 类 型	长　度	备　注
病人编码	整数	1～10 位数字	主键/候选主键
姓名	文本	不超过 20 个字符	
性别	文本	2 个字符	
出生日期	文本	10 个字符	也可使用日期型
家庭住址	文本	不超过 100 个字符	
入院时间	文本	10 个字符	也可使用日期型
出院时间	文本	10 个字符	也可使用日期型
科室编码	整数	1～10 位数字	外键
医生编码	整数	1～10 位数字	外键

表 1-10　　　　　　　　　　　　　　　　　医嘱信息表

属　性	数 据 类 型	长　度	备　注
医嘱编码	整数	1～10 位数字	主键/候选主键
医嘱内容	文本	不限	
开嘱时间	文本	20 个字符	也可使用日期型
数量	小数型	1～10 位数字	
剂量	整数	1～10 位数字	
单位	文本	不超过 20 个字符	
规格	文本	不超过 20 个字符	
用法	文本	不超过 20 个字符	
病人编码	整数	1～10 位数字	外键
医生编码	整数	1～10 位数字	外键

表 1-11　　　　　　　　　　　　　　　　　费用信息表

属　性	数 据 类 型	长　度	备　注
费用编码	整数	1～10 位数字	主键/候选主键
登记时间	文本	20 个字符	也可使用日期型
项目名称	文本	不超过 200 个字符	
数量	小数型	1～10 位数字	
剂量	整数	1～10 位数字	
单价	小数型	1～10 位数字	
规格	文本	不超过 20 个字符	
厂家	文本	不超过 50 个字符	
金额	小数型	1～10 位数字	
病人编码	整数	1～10 位数字	外键
医嘱编码	整数	1～10 位数字	外键
医生编码	整数	1～10 位数字	外键

表 1-12　　　　　　　　　　　　　　　　　　科室信息表

属 性	数 据 类 型	长 度	备 注
科室编码	整数	1～10 位数字	主键/候选主键
科室名称	文本	不超过 20 个字符	

表 1-13　　　　　　　　　　　　　　　　　　医生信息表

属 性	数 据 类 型	长 度	备 注
医生编码	整数	1～10 位数字	主键/候选主键
姓名	文本	不超过 20 个字符	
性别	文本	2 个字符	
类型	文本	4 个字符	
职称	文本	不超过 10 个字符	

逻辑结构设计阶段完成后，可以直接通过 Access 数据库管理系统实现住院系统数据库设计。该内容将在后续章节重点介绍。

1.5　Access 简介

Access 是一种简便易用的关系型数据库管理系统，能够快速地创建数据库文件。Access 不但能够为应用系统提供数据管理功能，而且具有强大的数据处理和统计分析功能。随着版本的不断升级，Access 的图形用户界面更加完善和简洁，使初学者更容易掌握。

美国微软公司于 1992 年 11 月发布了 Access 1.0，该版本是基于 Windows 3.0 操作系统的独立的关系型数据库管理系统，1993 年升级为 Access 2.0，并成为 Office 软件的一部分。随着技术的发展，Access 先后出现了多个版本：Access 7.0/95、Access 8.0/97、Access 9.0/2000、Access 10.0/2002、Access 2003、Access 2007、Access 2010、Access 2016。其中 Access 2010 功能完善、界面美观，且使用简便，是广泛应用的一个版本。本书选用 Access 2010 作为教学版本（由于 Access 2010 并没有增加新格式的数据库文件，因此仍然采用 2007 版的数据库文件格式，标题栏显示"数据库 Access 2007"）。

与其他数据库管理系统相比，Access 具有轻便易用的优势。用户可通过可视化的界面管理数据，设计和开发出功能强大、具有一定专业水平的数据库应用系统。

1.5.1　Access 数据库的组成对象

Access 2010 有 6 种常用对象，分别是表、查询、窗体、报表、宏、模块，不同的对象在数据管理中有不同的作用。表是 Access 的基础与核心，用来存储数据库的全部数据。查询、窗体及报表都是从表中获得数据信息，以实现数据查询、编辑、计算、统计、打印等需求。窗体为用户提供了可视化操作界面，用户通过窗体可以调用宏或模块来实现更多的功能。

1. 表

表是关系模型在数据库管理系统中的实现。所有的数据均存放在二维形式的表格中。Access 的一个数据库文件中可以包含多个表，表可以由用户创建，也可以从外部导入。

表中的列即对应关系模型中的“属性”，通常称为字段。图 1-11 所示的住院医生护士信息表中有用户编码、用户姓名、用户性别、用户类型、职称 5 个字段。根据数据类型的不同，字段的约束规则也不同。

表中的行即对应关系模型中的“元组”，通常称为记录。一条记录代表一个实体，包含了实体的完整信息。在住院医生护士信息表中，每一行代表一名住院医生或护士的完整信息，由用户编码来区分。

住院医生护士信息表

用户编码	用户姓名	用户性别	用户类型	职称
1	贺育进	男	医生	主任医师
2	付伟陵	男	医生	主任医师
3	莫春香	男	医生	主任医师
6	彭成忠	男	医生	主任医师
8	白卫家	男	医生	主任医师
9	姜斌	男	医生	副主任医师
10	白梓生	男	医生	主任医师

图 1-11　住院管理系统中的住院医生护士信息表

2. 查询

查询是 Access 最常用的功能之一。用户可根据一定的条件从一个或多个表中查询出所需要的数据，形成一个二维表形式的动态数据集，并显示在数据表窗口中。例如，查询住院医生护士信息表中职称为“主任医师”的记录，查询结果如图 1-12 所示。

查询1

用户姓名	用户性别	职称
贺育进	男	主任医师
付伟陵	男	主任医师
莫春香	男	主任医师
彭成忠	男	主任医师
白卫家	男	主任医师

图 1-12　住院医生护士信息表的“主任医师”查询结果

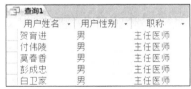

用户可以浏览、打印查询得到的动态数据集，甚至可以对其进行修改，但最终修改的是原查询表中所对应的数据。查询的动态数据集可以保存为一个独立的数据表，并支持导出为多种格式的数据文件。

3. 窗体

窗体是数据库和用户联系的界面。窗体的主要作用是构造方便、美观的输入、输出界面，接收用户输入的命令，查看、编辑和追加数据，使数据的显示和操作能够按设计者的意愿实现，保证数据操作的安全性和便捷性。窗体中不仅可以包含普通的数据，还可以包含图形、图片、音频和视频等类型的数据。

4. 报表

Access 提供报表实现数据的统计、打印和输出。利用报表可以将数据库中需要的数据提取出来进行分析和计算，并以格式化方式发送到打印机。报表的数据源为表或查询，用户可以按需求创建报表。住院医生护士信息表的简单报表如图 1-13 所示。

住院医生护士信息表 2019年11月28日 10:48:09

用户编码	用户姓名	用户性别	用户类型	职称
1	贺育进	男	医生	主任医师
2	付伟陵	男	医生	主任医师
3	莫春香	男	医生	主任医师
6	彭成忠	男	医生	主任医师
8	白卫家	男	医生	主任医师
9	姜斌	男	医生	副主任医师
10	白梓生	男	医生	主任医师
11	方丽莲	女	医生	主任医师
12	贺洋利	男	医生	主治医师
13	韦剑锋	男	医生	副主任医师
15	郑金全	男	医生	主任医师
18	贺骅	男	医生	副主任医师

图 1-13　住院医生护士信息表的简单报表

5. 宏

宏是一系列操作的集合，能实现不同的功能，例如修改数据、创建报表、打开窗体等。宏的作用在于简化重复的操作，由宏自动完成，从而使管理和维护 Access 数据库更加简单。

6. 模块

模块的功能比宏更全面，通过 VBA（Visual Basic for Applications）程序能够完成更加复杂的功能。将模块与窗体、报表等对象建立联系，可以形成完整的数据库应用系统。

1.5.2　Access 2010 主界面

Access 2010 程序界面主要由 3 个部分组成，分别是后台视图、功能区和导航窗格，这 3 个部分提供了管理数据库的基本环境。

1. 后台视图

后台视图是 Access 2010 中的特色功能。在打开 Access 2010 但未打开数据库时所看到的窗口就是后台视图，如图 1-14 所示。后台视图即文件菜单中的新建界面，包括创建数据库、打开数据库、维护数据库等功能。

2. 功能区

功能区位于 Access 主界面的顶部，它取代了 Access 2007 之前版本中的菜单栏和工具栏，由多个选项卡组成，每个选项卡中有多个按钮组。功能区的功能大部分都用于进行数据库操作，因此需要打开或者创建一个数据库，功能区的按钮才能够正常使用。

Access 2010 的功能区包括“文件”“开始”“创建”“外部数据”“数据库工具”5 个选项卡。每个选项卡都包含多组功能按钮，如图 1-15 所示。

图 1-14　Access 2010 后台视图

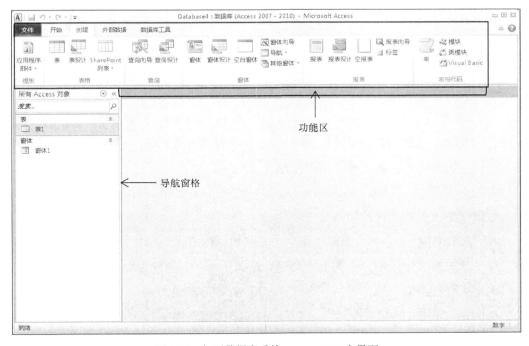

图 1-15　打开数据库后的 Access 2010 主界面

3.　导航窗格

　　导航窗格位于 Access 主界面的左侧，用于显示和管理 Access 数据库对象（如表、查询、窗体等），各类对象会按类别有序地进行组织排列。

熟悉了 Access 的功能和操作后，便可以对数据进行管理，甚至可以利用窗体和宏建立相应的数据管理程序，这些内容将在后续章节介绍。

1.6 本章小结

本章介绍了数据库技术中的几个基本概念、数据管理技术的发展历程、数据模型、数据库设计基础及 Access 数据库软件等内容，其中详细介绍了数据模型的概念和三大要素、实体联系模型与关系模型。学完本章内容，读者可以掌握与数据库技术相关的基础知识，为后续内容的学习奠定基础。

1.7 习 题

单选题

1. Access 数据库属于（   ）数据库。

   A. 层次模型　　　B. 网状模型　　　C. 关系模型　　　D. 面向对象模型

2. 数据库（DB）、数据库系统（DBS）和数据库管理系统（DBMS）三者之间的关系是（   ）。

   A. DB 包含 DBS 和 DBMS　　　　　B. DBS 包含 DB 和 DBMS

   C. DBMS 包含 DB 和 DBS　　　　　D. 三者关系是相等的

3. 在同一所学校中，系和教师的关系是（   ）。

   A. 一对一　　　B. 一对多　　　C. 多对一　　　D. 多对多

4. 数据模型所描述的内容包括（   ）。

   A. 数据结构　　　B. 数据操作　　　C. 数据约束　　　D. 以上答案都正确

5. 在一个关系表记录中，主键不能为空，这属于（   ）约束。

   A. 参照完整性　　　　　　　　　　B. 实体完整性

   C. 用户自定义的完整性　　　　　　D. 结构完整性

6. 在关系数据库中，用来表示实体之间联系的是（   ）。

   A. 二维表　　　B. 线性表　　　C. 网状结构　　　D. 树形结构

7. 将 E-R 图转换到关系模式时，实体与联系都可以表示成（   ）。

   A. 属性　　　B. 关系　　　C. 键　　　D. 域

8. 一个元组对应表中的（   ）。

　　A．一个字段　　　B．一个域　　　C．一个记录　　　D．多个记录

9．数据模型应满足 3 个方面的要求，其中不包括（　　　）。

　　A．比较真实地模拟现实世界　　　　B．容易被人们理解

　　C．逻辑结构简单　　　　　　　　　D．便于在计算机上实现

10．存储在计算机存储设备中的、结构化的相关数据的集合是（　　　）。

　　A．数据处理　　　B．数据库　　　C．数据库系统　　　D．数据库应用系统

第2章
数据库和表

Access 是一款功能强大的关系型数据库管理系统，它可以组织和存储文本、数字、图片、动画和声音等多种类型的数据，进而便捷地对这些数据进行维护、查询、统计、打印和发布等管理操作。本章将介绍数据库的创建和基本操作，以及表的建立、维护和使用等内容。

本章的学习目标如下。

（1）掌握 Access 数据库的基础知识，熟悉 Access 2010 的操作界面。

（2）掌握 Access 数据库的创建、打开和关闭方法。

（3）掌握 Access 数据库表的建立、维护和使用方法。

2.1　数据库的创建和操作

在 Access 数据库管理系统中，Access 数据库是一个一级容器对象，用于存储数据库应用系统中的其他数据库对象，其他数据库对象都放在 Access 数据库这个容器对象中，因此可以称它们为 Access 数据库子对象。每个 Access 数据库都以一个数据库文件的形式存储在磁盘中，这个数据库文件存储了 Access 数据库的所有对象。因此，在使用 Access 组织、存储和管理数据时，首先应该创建数据库，然后才能在该数据库中创建所需的数据库对象。

2.1.1　创建数据库

在 Access 中创建数据库有两种方法。第一种方法是先新建一个空数据库，再根据需要建立表、查询、窗体、宏和模块等对象，这是创建数据库最灵活的方法。第二种方法是使用模板创建数据库，即使用 Access 提供的模板，进行简单的操作即可创建数据库，这是创建数据库最快速的方法。无论采用哪种方法创建数据库，都可以随时修改或扩展数据库。

1. 创建空数据库

一般情况下，用户都是先新建一个空数据库，再根据需要在其中添加表、查询、窗体和报表等对象，这样可以灵活地创建出满足实际需求的数据库。

【例2.1】　创建"住院管理信息"数据库，并将数据库保存到 D 盘下的"HISAccess"文件夹中，具体操作步骤如下。

① 启动 Microsoft Access，单击"文件"选项卡，在左侧窗格中执行"新建"命令，在中间窗格中选择"空数据库"选项，如图 2-1 所示。

图 2-1　新建空数据库

② 在右侧窗格下方的"文件名"文本框中，给出了默认的文件名"Database1.accdb"，将其改为"住院管理信息.accdb"。输入文件名时，如果没有输入后缀名".accdb"，那么在创建数据库时 Access 将自动添加后缀名。

③ 将鼠标指针移动到"文件名"文本框右侧的 按钮上时，将弹出提示信息"浏览到某个位置来存放数据库"，单击 按钮，将弹出"文件新建数据库"对话框。在该对话框中找到 D 盘下的"HISAccess"文件夹并将其打开，如图 2-2 所示。

图 2-2　"文件新建数据库"对话框

④ 单击"文件新建数据库"对话框中的"确定"按钮，返回到 Microsoft Access 后台视图。此时，在右侧窗格下方显示了将要创建的数据库的名称及其保存位置，如图 2-3 所示。

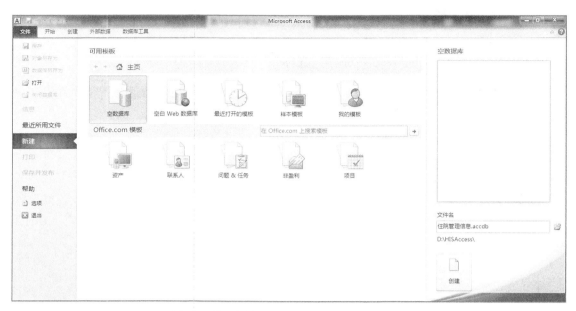

图 2-3 将要创建的数据库的名称及其保存位置

⑤ 单击右侧窗格最下方的"创建"按钮，此时 Access 将新建一个空数据库，并自动创建一个名为"表 1"的数据表。该表以数据表视图的形式被打开，如图 2-4 所示。

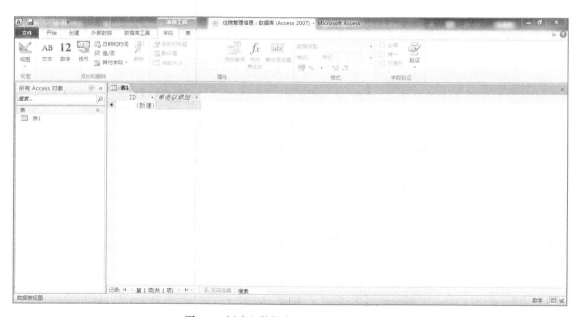

图 2-4 创建空数据库时自动创建的数据表

⑥ 执行"文件"菜单中的"关闭数据库"命令。

2. 使用模板创建数据库

为了简化数据库的创建过程，Access 提供了丰富的数据库模板，如"学生""教职员""营销项目""销售渠道""联系人 Web 数据库""资产 Web 数据库"等。使用数据库模板，只需进行一些简单操作，就可以创建包含表、查询、窗体和报表等对象的数据库。

【例 2.2】 使用模板创建"教职员"数据库，并将数据库保存到 D 盘下的"HISAccess"文件夹中，具体操作步骤如下。

① 启动 Microsoft Access，单击"文件"选项卡，在左侧窗格中执行"新建"命令，在中间窗格中选择"样本模板"选项，如图 2-5 所示。

图 2-5 使用"样本模板"创建数据库

② 选择"样本模板"选项后，从所列出的模板中选择"教职员"模板，在右侧窗格下方的"文件名"文本框中，给出了默认的文件名"教职员.accdb"。

③ 将鼠标指针移动到"文件名"文本框右侧的📁按钮上时，将弹出提示信息"浏览到某个位置来存放数据库"，单击📁按钮，将弹出"文件新建数据库"对话框。在该对话框中找到 D 盘下的"HISAccess"文件夹并将其打开，单击"确定"按钮，返回到 Microsoft Access 后台视图。此时，在右侧窗格下方显示了将要创建的数据库的名称及其保存位置，如图 2-6 所示。

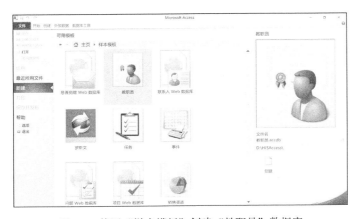

图 2-6 使用"样本模板"创建"教职员"数据库

④ 单击右侧窗格下方的"创建"按钮，完成数据库的创建。默认将以数据表视图形式打开"教职员列表"，如图 2-7 所示。单击导航窗格上方的"百叶窗开/关"按钮，可以看到所创建数据库中包含的各类对象，如图 2-8 所示。

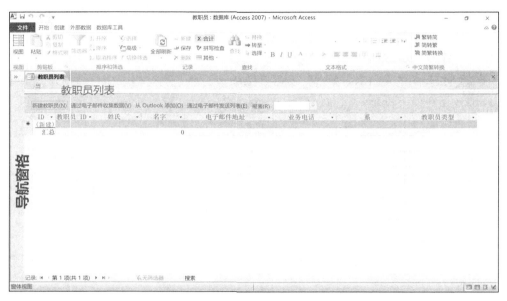

图 2-7　教职员数据库创建成功后默认打开"教职员列表"

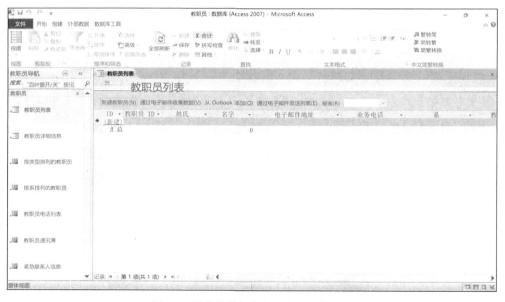

图 2-8　教职员数据库中包含的各类对象

使用模板创建的数据库中包含了表、查询、窗体和报表等对象。通过数据库模板可以创建专业的数据库系统，但是通过模板创建的数据库可能会与实际需求不完全相符，此时可以修改数据库，以便更符合实际需求。

2.1.2　打开和关闭数据库

数据库创建好后，就可以对其进行各种操作。数据库的基本操作包括数据库的打开、保存和关闭，这些操作对于学习数据库是必不可少的。

1. 打开数据库

当用户要使用已创建的数据库时，要先打开已创建的数据库，这是对数据库最基本的操作。在 Access 中打开数据库有两种方法：一种是执行"文件"选项卡中的"打开"命令来打开，另一种是执行"文件"选项卡中的"最近所用文件"命令来打开。

【例 2.3】　执行"打开"命令，打开 D 盘下的"HISAccess"文件夹中的"住院管理信息"数据库，具体操作步骤如下。

① 启动 Microsoft Access，单击"文件"选项卡，在左侧窗格中执行"打开"命令。

② 在弹出的"打开"对话框中，找到 D 盘下的"HISAccess"文件夹并将其打开。

③ 单击选中数据库文件"住院管理信息.accdb"，然后单击"打开"按钮，即可打开该数据库。

【例 2.4】　执行"最近所用文件"命令，打开 D 盘下的"HISAccess"文件夹中的"住院管理信息"数据库，具体操作步骤如下。

① 启动 Microsoft Access，单击"文件"选项卡，在左侧窗格中执行"最近所用文件"命令，此时的界面如图 2-9 所示。

图 2-9　使用"最近所用文件"命令来打开数据库

② 在"最近使用的数据库"列表中单击"住院管理信息.accdb"，即可打开该数据库。

值得一提的是，在图 2-9 的最下方有一个复选框默认处于选中状态，其后有文字说明"快速访问此数量的最近的数据库：4"，用户可以自定义该数值。当选中了该复选框时，在"文件"选项卡中列出了最近打开的数据库列表，单击列表中的某一个数据库文件名即可打开相应的数据库。

2. 关闭数据库

打开数据库后，需要将其关闭。关闭数据库通常有以下几种方法。

（1）单击 Access 主界面右上角的"关闭"按钮⊠。

（2）双击 Access 主界面左上角的"控制"菜单图标 A。

（3）单击 Access 主界面左上角的"控制"菜单图标 A，接着从弹出的菜单中执行"关闭"命令。

（4）单击展开 Access 主界面中的"文件"选项卡，执行"关闭数据库"命令。

2.2　表　的　建　立

Access 是关系数据库管理系统，其中表是 Access 数据库的基础，是存储数据的基本单位，是数据库中一种存储和管理数据的对象，也是数据库中其他对象的数据来源。当用户创建好空数据库后，需要先建立表和表之间的关系，并向表中输入数据，然后根据需要逐步创建其他数据库对象，最终形成完整的数据库。

2.2.1　表的组成

日常工作中的表格是由行和列组成的，Access 数据库中的表也可以视为由行和列组成。表中的列称为字段，每个字段都有字段名称、数据类型和字段属性等内容；表中的行称为记录，每一行对应一条数据。严格来说，Access 数据库中的表由表结构和表内容两部分组成。表结构即表的框架，它指明了表中有哪些字段，以及每个字段的字段名称、数据类型和字段属性等。表内容即表中的数据，也就是表中的记录。

1. 字段名称

表中的每个字段都有其名称，该名称是唯一的，即不同字段的名称不能重复。为字段命名必须严格依照 Access 的字段名称命名规则进行，具体规则如下。

（1）字段名称的长度最少为 1 个字符，最多可达 64 个字符。

（2）字段名称中可以包含数字、字母、汉字、空格和其他字符，但不能以空格开头。

（3）字段名称中不能包含句点（.）、感叹号（!）、单引号（'）和方括号（[]）。注意，上述符号指的是在英文输入法下输入的；如果在中文输入法下输入上述符号，那么它们是可以出现在字段名称中的。

（4）字段名称中不能包含 ASCII 值为 0～32 的 ASCII 字符。

2. 数据类型

按照关系数据库的要求，表中的同一列数据应该具有相同的数据特征，即它们的数据类型要相同，表中的每个字段都有其数据类型。Access 2010 中提供了 12 种数据类型，分别是文本型、备注型、数字型、日期/时间型、货币型、自动编号型、是/否型、OLE 对象型、超链接型、附件型、计算型、查阅向导型。这些数据类型的使用说明如表 2-1 所示。

表 2-1　　　　　　　　　　　　　　　　12 种数据类型及其使用说明

数 据 类 型	使 用 说 明
文本型	可存储字符或数字，最多可存储 255 个字符
备注型	可存储字符或数字，最多可存储 65 535 个字符，不能对备注型字段进行排序或索引
数字型	用于存储进行算术运算的数字数据，可细分为字节（取值范围为 0～255，无小数位数，字段长度为 1 个字节）、整型（取值范围为 -32 768～32 767，无小数位数，字段长度为两个字节）、长整型（取值范围为 -2 147 483 648～2 147 483 647，无小数位数，字段长度为 4 个字节）、单精度型（取值范围为 -3.4×10^{38}～3.4×10^{38}，小数位数为 7，字段长度为 4 个字节）和双精度型（取值范围为 $-1.797\,34 \times 10^{308}$～$1.797\,34 \times 10^{308}$，小数位数为 15，字段长度为 8 个字节）
日期/时间型	用于存储日期、时间或日期时间组合，字段长度为 8 个字节
货币型	用于表示货币值或用于数学计算的数值数据，可以精确到小数点左侧 15 位及小数点右侧 4 位
自动编号型	用于在添加记录时自动插入唯一的递增顺序号，字段长度为 4 个字节
是/否型	用于只有两种不同取值的字段，字段长度为 1 个字节。Access 中"是"用"-1"表示值，"否"用"0"表示值
OLE 对象型	用于存储链接或嵌入的对象，这些对象以文件形式存在，可以是 Word 文档、Excel 文档、图像文件或其他二进制数据文件，字段最大容量为 1GB。OLE 对象型不能建立索引
超链接型	以文本形式保存超链接的地址，用于链接到文件、Web 页、电子邮箱地址、本数据库对象、书签或该地址所指向的 Excel 单元格范围
附件型	用于存储所有种类的文档和二进制文件，也可将其他应用程序中的数据添加到该类型字段中。附件类型不能建立索引
计算型	用于显示计算结果，计算时必须引用同一表中的其他字段，计算结果应为数字型、文本型、日期/时间型、是/否型这 4 种类型之一，字段长度为 8 个字节
查阅向导型	用于实现查阅其他表中的数据，或查阅从一个表中选择的数据

3. 字段属性

用户在设计表结构时，除了要指定每个字段的字段名称和数据类型外，往往还需要定义每个字段的相关属性，如字段大小、格式、输入掩码、默认值和有效性规则等。一个字段拥有哪些属性是由其数据类型决定的，不同数据类型的字段所拥有的属性会有所不同。定义字段属性不仅有助于对输入的数据进行限制或验证，还有助于控制数据在数据表视图中的显示形式。

2.2.2 建立表

建立表其实就是构建表的结构，即定义一张表中各个字段的字段名称、数据类型和字段属性等。建立表的方法主要有两种：一种是使用数据表视图来建立，另一种是使用设计视图来建立。

1. 使用数据表视图来建立表

数据表视图是 Access 中经常使用的一种视图形式，它用行和列来显示表中数据。在该视图中可以进行字段的添加、编辑和删除，也可以进行记录的添加、编辑和删除，还可以进行数据的查找和筛选。

【例 2.5】 在例 2.1 创建的"住院管理信息"数据库中建立"住院病人信息表"。"住院病人信息表"的结构如表 2-2 所示。

例 2.5

表 2-2 　　　　　　　　　　　　　"住院病人信息表"的结构

字 段 名 称	数 据 类 型	字 段 大 小	字 段 名 称	数 据 类 型	字 段 大 小
病人编码	文本	10 个字符	科室编码	文本	5 个字符
病人姓名	文本	20 个字符	医生编码	文本	5 个字符
病人性别	文本	2 个字符	入院时间	日期/时间	
出生日期	日期/时间		出院时间	日期/时间	
家庭地址	文本	100 个字符	—	—	—

操作步骤如下。

① 打开例 2.1 创建的"住院管理信息"数据库，单击"创建"选项卡中"表格"组中的"表"按钮 ，此时将创建名为"表 1"的新表，并以数据表视图的形式打开。

② 选中"ID"字段列，在"表格工具-字段"选项卡的"属性"组中单击"名称和标题"按钮 ，如图 2-10 所示。

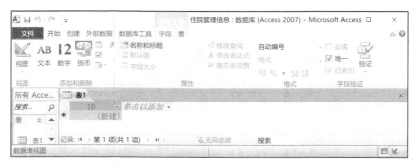

图 2-10 单击"名称和标题"按钮

③ 此时将弹出"输入字段属性"对话框，在该对话框的"名称"文本框中输入"病人编码"，如图 2-11 所示，接着单击"确定"按钮。

图 2-11 "输入字段属性"对话框

④ 选中"病人编码"字段列,在"表格工具-字段"选项卡的"格式"组中单击"数据类型"下拉列表框右侧的下拉按钮,从弹出的下拉列表中选择"文本";在"属性"组的"字段大小"文本框中输入"10",如图 2-12 所示。

图 2-12 设置字段名称及属性

⑤ 单击"单击以添加"列,从弹出的下拉列表中选择"文本",此时 Access 会自动将新字段命名为"字段 1",如图 2-13 所示。将"字段 1"改为"病人姓名",在"属性"组的"字段大小"文本框中输入"20"。

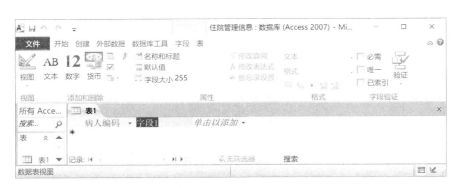

图 2-13 添加新字段

⑥ 根据"住院病人信息表"的结构,参照步骤⑤添加其他字段,最终的效果如图 2-14 所示。

⑦ 单击快速访问工具栏中的"保存"按钮 🔲,在弹出的"另存为"对话框中的"表名称"文本框中输入"住院病人信息表",单击"确定"按钮。

图 2-14　在数据表视图中建立表结构的效果

使用数据表视图建立表结构时，可以快速指定字段名称、数据类型，字段大小、格式、默认值等属性，十分便捷，但是无法进行更详细的属性设置。当表结构比较复杂时，可以等创建完后在设计视图中进一步修改表结构。

2. 使用设计视图来建立表

在设计视图中建立表结构时，可以更加详细地设置每个字段的数据类型和属性。

【例 2.6】　在"住院管理信息"数据库中建立"住院医生护士信息表"。"住院医生护士信息表"的结构如表 2-3 所示。

表 2-3　　　　　　　　　　　　"住院医生护士信息表"的结构

字 段 名 称	数 据 类 型	字 段 大 小	字 段 名 称	数 据 类 型	字 段 大 小
用户编码	文本	5 个字符	用户类型	文本	5 个字符
用户姓名	文本	20 个字符	职称	文本	10 个字符
用户性别	文本	2 个字符	—	—	—

操作步骤如下。

① 打开例 2.5 更新后的"住院管理信息"数据库，单击"创建"选项卡中"表格"组中的"表设计"按钮，进入表设计视图，此时默认创建了名为"表 1"的新表，如图 2-15所示。

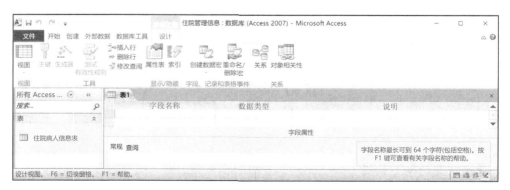

图 2-15　表设计视图

② 单击设计视图中的"字段名称"列，并在其中输入"用户编码"；单击"数据类型"列，接着单击其右侧下拉按钮，从下拉列表中选择"文本"；在"说明"列中输入说明信息"主键"，说明信息不是必需的，但可以用来增强数据的可读性；在"字段属性"区的"常规"选项卡中设置"字段大小"的值为 5。"用户编码"字段的设计如图 2-16 所示。

图 2-16　设计"住院医生护士信息表"的"用户编码"字段

③ 参考步骤②，按照表 2-3 所示的字段名称、数据类型和字段大小等信息定义表中的其他字段，表结构的设计效果如图 2-17 所示。

④ 单击快速访问工具栏中的"保存"按钮，在弹出的"另存为"对话框中的"表名称"文本框中输入"住院医生护士信息表"，单击"确定"按

图 2-17　"住院医生护士信息表"的设计效果

钮。由于前面的操作中尚未定义此表的主键，因此会弹出"Microsoft Access"定义主键提示对话框，如图 2-18 所示。

图 2-18　"Microsoft Access"定义主键提示对话框

在上述提示对话框中，如果单击"是"按钮，则 Access 将会为此表创建一个数据类型为"自动编号"的主键，其值自动从 1 开始；如果单击"否"按钮，则 Access 将不创建自动编号主键；如果单击"取消"按钮，则会放弃当前保存表的操作。在本例中，暂时单击"否"按钮。

表设计视图是最便捷的建立表结构和修改表结构的工具。用户可以在表设计视图中对例 2.5 中建立的"住院病人信息表"的结构进行修改。

3. 定义主键

主键是表中的一个字段或多个字段的组合，它为 Access 中的每一条记录提供了唯一的标识符。定义主键的目的是保证表中的记录能够被唯一地标识。只有定义了主键，表与表之间才能建立联系，用户才能利用查询、窗体和报表快捷地查找和组合多个表的信息，从而实现数据库的主要功能。

Access 中的主键主要有两种类型：一种是单字段主键，它是以某一个字段作为主键来唯一地标识表中的记录；另一种是多字段主键，它是多个字段组合在一起来唯一地标识表中的记录。常见的设置单字段主键的方法是将自动编号类型的字段设置为主键。当向表中添加一条新的记录时，自动编号主键字段值会自动加 1；当从表中删除记录时，自动编号主键字段值会出现空缺而变成不连续的。

【例 2.7】 将"住院管理信息"数据库的"住院医生护士信息表"的"用户编码"字段设置为主键，操作步骤如下。

① 打开例 2.6 更新后的"住院管理信息"数据库。在表名称列表中单击选中"住院医生护士信息表"后单击鼠标右键，在弹出的快捷菜单中执行"设计视图"命令，打开设计视图。

② 单击选中"用户编码"字段，单击"设计"选项卡中"工具"组中的"主键"按钮，此时"用户编码"字段的左侧将显示"主键"图标，表明该字段已经被设置为主键。

【例 2.8】 在"住院管理信息"数据库中建立"住院科室信息表""医嘱信息表""住院费用信息表"，具体操作步骤可参考例 2.5。这 3 张表的结构分别如表 2-4、表 2-5 和表 2-6 所示。

表 2-4　　　　　　　　　　　　　"住院科室信息表"的结构

字 段 名 称	数 据 类 型	字 段 大 小	字 段 名 称	数 据 类 型	字 段 大 小
科室编码	文本	5 个字符	科室名称	文本	20 个字符

表 2-5　　　　　　　　　　　　　　"医嘱信息表"的结构

字 段 名 称	数 据 类 型	字 段 大 小	字 段 名 称	数 据 类 型	字 段 大 小
医嘱编码	文本	10 个字符	数量	数字（单精度型）	
病人编码	文本	10 个字符	剂数	数字（长整型）	
医生编码	文本	5 个字符	单位	文本	10 个字符
开嘱时间	日期/时间		规格	文本	100 个字符
医嘱内容	文本	255 个字符	用法	文本	100 个字符

表 2-6   "住院费用信息表"的结构

字 段 名 称	数 据 类 型	字 段 大 小	字 段 名 称	数 据 类 型	字 段 大 小
费用编码	文本	10 个字符	单价	数字（单精度型）	
住院病人编码	文本	10 个字符	数量	数字（单精度型）	
医嘱编码	文本	10 个字符	剂数	数字（长整型）	
登记时间	日期/时间		金额	数字（单精度型）	
项目名称	文本	255 个字符	管床医生编码	文本	5 个字符
规格	文本	100 个字符	执行护士编码	文本	5 个字符
厂家	文本	100 个字符	—	—	—

2.2.3   设置字段属性

字段属性用来说明字段所拥有的特性，设置字段的属性可以定义数据的保存、处理或显示方式。在设计视图下，"字段属性"区中的属性是针对具体字段而言的，例如，要修改某字段的属性，需要先选中该字段所在的行，再对"字段属性"区中该字段的属性进行设置或修改。

1. 字段大小

字段大小属性用于限制输入该字段下的数据的最大长度，当输入的数据超过该字段设置的字段大小时，Access 将会拒绝接收。字段大小属性只适用于数据类型为"文本""数字""自动编号"的字段。"文本"型字段的字段大小属性的取值范围为 0～255，默认值为 255，用户可以在数据表视图和设计视图中设置。"数字"型字段的字段大小属性可以为字节、整型、长整型、单精度型、双精度型、同步复制 ID 和小数等。"自动编号"型字段的字段大小属性可以为长整型和同步复制 ID 等。"数字"型字段和"自动编号"型字段的字段大小属性只能在设计视图中设置。

【例 2.9】 在"住院管理信息"数据库中，将"医嘱信息表"中"数量"字段的字段大小属性设置为"单精度型"，将"剂数"字段的字段大小属性设置为"长整型"；将"住院费用信息表"中"单价"字段、"数量"字段和"金额"字段的字段大小属性设置为"单精度型"，将"剂数"字段的字段大小属性设置为"长整型"。具体操作步骤如下。

① 打开例 2.8 更新后的"住院管理信息"数据库，使用设计视图打开"医嘱信息表"。

② 选择"数量"字段，此时在"字段属性"区中显示了该字段的所有属性。单击"字段大小"属性框，接着单击右侧下拉按钮，从弹出的下拉列表中选择"单精度型"，如图 2-19 所示。

③ 选择"剂数"字段，单击"字段大小"属性框，接着单击右侧下拉按钮，从弹出的

下拉列表中选择"长整型"。

④ 使用设计视图打开"住院费用信息表"。

⑤ 选择"单价"字段，单击"字段大小"属性框，接着单击右侧下拉按钮，从弹出的下拉列表中选择"单精度型"。

⑥ 选择"数量"字段，单击"字段大小"属性框，接着单击右侧下拉按钮，从弹出的下拉列表中选择"单精度型"。

⑦ 选择"金额"字段，单击"字段大小"属性框，接着单击右侧下拉按钮，从弹出的下拉列表中选择"单精度型"。

⑧ 选择"剂数"字段，单击"字段大小"属性框，接着单击右侧下拉按钮，从弹出的下拉列表中选择"长整型"。

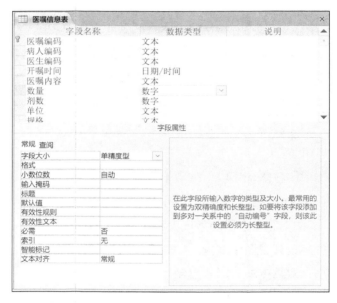

图 2-19 设置"数量"字段的"字段大小"属性

需要特别注意的是，如果在"数字"型字段中包含小数，那么将字段大小设置为整数时会自动将数据取整。如果"文本"型字段中已经有数据，那么减小其字段大小后会自动截去超出的字符。如果"文本"型字段的数据中有汉字，那么每个汉字占 1 个字符位。

2. 格式

格式属性只影响数据的显示格式。例如，可以将"出生日期"字段的显示格式设置为"×××-××-××"。不同数据类型的字段可选择的格式有所不同，详见表 2-7。

【例 2.10】 将"住院管理信息"数据库下"住院病人信息表"中"出生日期"字段的"格式"属性设置为"短日期"，操作步骤如下。

① 打开例 2.9 更新后的"住院管理信息"数据库，使用设计视图打开"住院病人信息表"。

表 2-7   各种数据类型可选择的格式

数 据 类 型	设 置	说 明
日期/时间型	常规日期	如果数值只是一个日期，则不显示时间； 如果数值只是一个时间，则不显示日期
	长日期	格式举例：2018 年 8 月 18 日
	中日期	格式举例：18-08-18
	短日期	格式举例：2018-8-18
数字/货币型	常规数字	以输入的方式显示数字
	货币	使用千位分隔符分隔，负数用圆括号括起来
	整型	显示至少一位数字
	标准	使用千位分隔符分隔
	百分比	将数值乘以 100 并附加一个百分号 "%"
	科学记数	使用标准的科学记数法
文本/备注型	@	要求使用文本字符（字符或空格）
	&	不要求使用文本字符
	<	将所有字符以小写格式显示
	>	将所有字符以大写格式显示
	!	将所有字符由左向右填充
是/否型	真/假	取值-1 代表 True，0 代表 False
	是/否	取值-1 代表 "是"，0 代表 "否"
	开/关	取值-1 代表 "开"，0 代表 "关"

② 选择"出生日期"字段，单击"格式"属性框，接着单击右侧下拉按钮，从弹出的下拉列表中选择"短日期"，如图 2-20 所示。

图 2-20 设置"出生日期"字段的"格式"属性

格式属性可以使数据的显示格式统一、美观，但是格式属性只影响数据的显示格式，并不影响数据在表中存储的内容，而且显示格式只有在输入的数据被保存后才能应用。如果需要控制数据的输入格式并按输入时的格式显示，则可以设置"输入掩码"属性来实现。

3. 输入掩码

当向表中输入数据时，有一些数据有相对固定的书写格式，此时可以设置一个输入掩码，将格式中不变的内容固定成格式的一部分，此后在输入数据时只需要输入变化的值即可。"文本""数字""日期/时间""货币"数据类型的字段，都可以设置"输入掩码"。

【例 2.11】 将"住院管理信息"数据库下"住院病人信息表"中"出生日期"字段的"输入掩码"属性设置为"短日期"，操作步骤如下。

① 打开例 2.10 更新后的"住院管理信息"数据库，使用设计视图打开"住院病人信息表"。

② 选择"出生日期"字段，单击"输入掩码"属性框，接着单击右侧的"生成器"按钮 ，打开"输入掩码向导"的第一个对话框，如图 2-21 所示。

③ 在该对话框的"输入掩码"列表框中选择"短日期"选项，接着单击"下一步"按钮，打开"输入掩码向导"的第二个对话框，如图 2-22 所示。

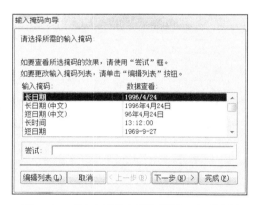

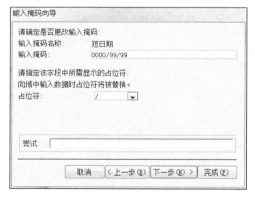

图 2-21 "输入掩码向导"的第一个对话框　　　图 2-22 "输入掩码向导"的第二个对话框

④ 在该对话框中确定输入的掩码方式和"占位符"，接着单击"下一步"按钮，打开"输入掩码向导"的最后一个对话框，单击"完成"按钮。设置结果如图 2-23 所示。

图 2-23 设置"出生日期"字段的"输入掩码"属性

　　需要特别注意的是，如果为某字段设置了"输入掩码"属性，同时又设置了它的"格式"属性，"格式"属性将在数据显示时优先于输入掩码的设置，也就是说，即使已经保存了输入掩码，当数据设置格式显示时，输入掩码将被忽略。此外，"输入掩码"属性只为"文本"型和"日期/时间"型字段提供了向导，没有为"数字"型和"货币"型字段提供向导，可以使用字符直接为它们设置"输入掩码"属性。"输入掩码"属性所用的字符及其含义如表 2-8所示。

表 2-8　　　　　　　　　　　"输入掩码"属性所用的字符及其含义

字　符	含　义	字　符	含　义
0	必须输入数字（0～9），不允许输入加号和减号	&	必须输入任意字符或一个空格
9	可以输入数字或空格，不允许输入加号和减号	C	可以输入任意字符或一个空格
#	可以输入数字或空格，允许输入加号和减号	.：；-/	小数点占位符及千位、日期与时间的分隔符
L	必须输入字母（A～Z，a～z）	<	将输入的所有字符转换为小写
?	可以输入字母（A～Z，a～z）或空格	>	将输入的所有字符转换为大写
A	必须输入字母或数字	!	使输入掩码从右到左显示，而不是从左到右显示； 输入掩码中的字符始终都是从左到右输入； 可以在输入掩码中的任何位置输入感叹号
a	可以输入字母、数字或空格	\	使接下来的字符以原义字符显示（例如，\L 只显示 L）

4. 默认值

　　在 Access 数据表中，常常会有一些字段的数据内容相同或者包含相同的部分，此时可以将出现频率较高的值设置为字段的默认值，以减少数据输入工作量。

　　【例 2.12】　将"住院管理信息"数据库下"住院病人信息表"中"病人性别"字段的"默认值"属性设置为"男"，操作步骤如下。

　　① 打开例 2.11 更新后的"住院管理信息"数据库，使用设计视图打开"住院病人信息表"。

　　② 选择"病人性别"字段，单击"默认值"属性框，输入""男""，如图 2-24 所示。

　　为某字段设置了默认值后，插入新记录时 Access 会将该默认值显示在相应的字段中，如图 2-25 所示。用户可以直接使用该默认值，也可以输入新的值来取代该默认值。值得注意的是，为字段设置的默认值必须与字段的数据类型相匹配，否则将会出错。

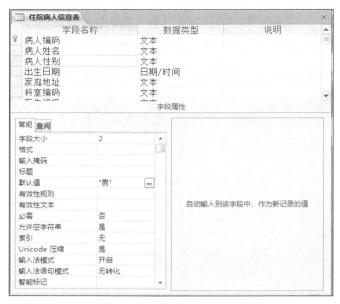

图 2-24　设置"病人性别"字段的"默认值"属性

图 2-25　插入新记录时"病人性别"字段显示为默认值

5. 有效性规则

有效性规则是指向表中输入数据时应该遵循的约束条件，它的形式及设置目的因字段的数据类型而异。例如，对于"文本"型字段，可以设置输入的字符个数不能超过某个值；对于"数字"型字段，可以设置输入数据的范围；对于"日期/时间"型字段，可以设置输入日期的月份或年份范围。

【例 2.13】　将"住院管理信息"数据库下"医嘱信息表"中"剂数"字段的"有效性规则"属性设置为">=1"，操作步骤如下。

①　打开例 2.12 更新后的"住院管理信息"数据库，使用设计视图打开"医嘱信息表"。

②　选择"剂数"字段，单击"有效性规则"属性框，输入表达式">=1"，如图 2-26 所示。

③　设置字段的有效性规则后，向表中输入数据，如果输入的数据不符合有效性规则，那么 Access 将显示提示信息，而且鼠标光标将停留在该字段所在的位置，直到输入的数据符合相应的有效性规则为止。例如，如果本例中输入"剂数"为"0"，那么 Access 将弹出图 2-27 所示的提示对话框。

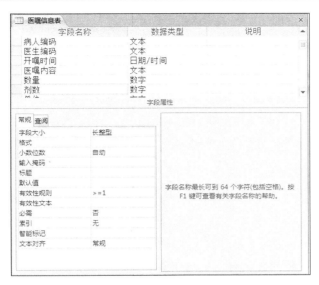

图 2-26　在"有效性规则"属性框中输入表达式

图 2-27　测试所设置的"有效性规则"效果

6．有效性文本

当输入的数据违反有效性规则时，Access 将显示图 2-27 所示的提示信息，但是这种提示信息还不够清晰明确，用户可以自己设置有效性文本来加以改进。

【例 2.14】　将"住院管理信息"数据库下"医嘱信息表"中"剂数"字段的"有效性文本"属性设置为"剂数必须大于等于 1！"操作步骤如下。

①　打开例 2.13 更新后的"住院管理信息"数据库，使用设计视图打开"医嘱信息表"。

②　选择"剂数"字段，单击"有效性文本"属性框，输入文本"剂数必须大于等于 1！"。保存设置后，切换到数据表视图，添加一条记录，在"剂数"字段中输入"0"，然后按键盘上的 Enter 键，Access 将弹出图 2-28 所示的提示对话框。

图 2-28　测试所设置的"有效性文本"效果

7. 索引

在 Access 数据库中，索引可以根据键值提高数据查找和排序的速度，并且能对表中的记录实施唯一性索引。索引有唯一索引、普通索引和主索引 3 种。唯一索引的索引字段值不能相同，即没有重复值；普通索引的索引字段值可以相同，即可以有重复值；一个表可以创建多个唯一索引，其中一个可设置为主索引，一个表只能有一个主索引。

【例 2.15】 为"住院管理信息"数据库的"住院医生护士信息表"创建索引，索引字段为"用户性别"，操作步骤如下。

① 打开例 2.14 更新后的"住院管理信息"数据库，使用设计视图打开"住院医生护士信息表"。

② 选择"用户性别"字段，从"索引"属性的下拉列表框中选择"有（有重复）"选项。

"索引"属性框的下拉列表中有 3 个选项可供选择，分别是"无""有（有重复）""有（无重复）"。其中，选项"无"表示该字段不建立索引；选项"有（有重复）"表示以该字段建立索引，并且字段中的内容可以重复；选项"有（无重复）"表示以该字段建立索引，并且字段中的内容不能重复，这种字段适合做主键。

如果经常需要同时搜索或排序多个字段，那么可以创建多字段索引。使用多字段索引进行排序时，将首先使用定义在索引中的第一个字段进行排序；如果第一个字段有重复值，那么再使用索引中的第二个字段进行排序，依此类推。

【例 2.16】 为"住院管理信息"数据库的"住院病人信息表"创建多字段索引，索引字段包括"病人编码""病人性别""出生日期"，操作步骤如下。

① 打开例 2.14 更新后的"住院管理信息"数据库，使用设计视图打开"住院病人信息表"，单击"设计"选项卡下"显示/隐藏"组中的"索引"按钮，打开索引对话框。

② 在"索引名称"列第一行中输入要设置的索引名称"病人编码"（可以以第一个字段命名索引，也可以使用其他名称），在"字段名称"列中选择用于索引的第一个字段"病人编码"。

③ 在下一行中，将"索引名称"列留空，接着在"字段名称"列中选择用于索引的第二个字段"病人性别"。

④ 在下一行中，将"索引名称"列留空，接着在"字段名称"列中选择用于索引的第三个字段"出生日期"。最终的设置结果如图 2-29 所示。

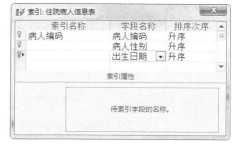

图 2-29 设置多字段索引

2.2.4 建立及编辑表间关系

在 Access 数据库中，常常需要建立表间关系，以便更好地管理和使用表中的数据。

1. 表间关系

表间关系即表与表之间的关系，主要有一对一、一对多和多对多 3 种关系。

在 Access 数据库中，将一对多关系中与"一"端对应的表称为主表，将与"多"端对应的表称为相关表。

2. 参照完整性规则

参照完整性规则是在表中添加或删除记录时，为了维持表与表之间已经定义的关系而必须遵循的规则，它要求通过定义的外关键字和主关键字之间的引用规则来约定两个关系之间的联系。如果 a 是关系 A 的主关键字，同时也是关系 B 的外关键字，那么在关系 B 中，a 的值要么为空值（Null），要么等于关系 A 中某个元组主关键字的值。

如果表中设置了参照完整性规则，那么就不能在主表中没有相关记录时将记录添加到相关表中，也不能在相关表中存在匹配记录时删除主表中的记录，更不能在相关表中有相关记录时更改主表中的主键值。

3. 建立表间关系

【例 2.17】　定义"住院管理信息"数据库中已存在的表之间的关系。

① 打开例 2.14 更新后的"住院管理信息"数据库，单击"数据库工具"选项卡，接着单击"关系"组中的"关系"按钮 ，打开"关系"窗口。在"设计"选项卡的"关系"组中单击"显示表"按钮 ，打开"显示表"对话框。

例 2.17

② 在"显示表"对话框中，依次双击"住院科室信息表""住院医生护士信息表""住院病人信息表""医嘱信息表""住院费用信息表"。

③ 单击"关闭"按钮，关闭"显示表"对话框。

④ 选中"住院病人信息表"中的"科室编码"字段，接着按住鼠标左键将其拖到"住院科室信息表"的"科室编码"字段上，松开鼠标左键。此时界面中会显示图 2-30 所示的"编辑关系"对话框。

说明：在"编辑关系"对话框中的"表/查询"下拉列表框中，列出了主表"住院科室信息表"的"科室编码"；在"相关表/查询"下拉列表框中，列出了

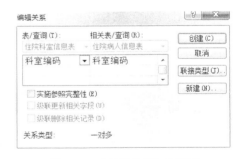

图 2-30　"编辑关系"对话框

相关表"住院病人信息表"的"科室编码"。在下拉列表框下方有 3 个复选框，即"实施参照完整性"复选框、"级联更新相关字段"复选框和"级联删除相关记录"复选框。如果同时勾选了"实施参照完整性"复选框和"级联更新相关字段"复选框，那么当更改主表的主键值时，会自动更新相关表中对应的数值；如果同时勾选了"实施参照完整性"复选框和"级联删除相关记录"复选框，那么当删除主表中的记录时，会自动删除相关表中相应的记录；如果只勾选了"实施参照完整性"复选框，那么当相关表中相应的记录发生变化时，主表中

的主键不会相应改变；而当删除相关表中的记录时，主表中的记录也不会被删除。

⑤ 勾选"实施参照完整性"复选框，接着单击"创建"按钮。

⑥ 使用相同方法，将"住院病人信息表"中的"医生编码"字段拖到"住院医生护士信息表"中的"用户编码"字段上，将"医嘱信息表"中的"医生编码"字段拖到"住院医生护士信息表"中的"用户编码"字段上，将"医嘱信息表"中的"病人编码"字段拖到"住院病人信息表"中的"病人编码"字段上，将"住院费用信息表"中的"住院病人编码"字段拖到"住院病人信息表"中的"病人编码"字段上，将"住院费用信息表"中的"医嘱编码"字段拖到"医嘱信息表"中的"医嘱编码"字段上，如图 2-31 所示。

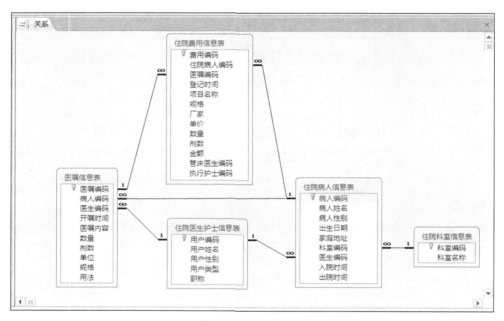

图 2-31　建立的表关系

⑦ 单击"关闭"按钮，此时会弹出对话框询问是否保存布局的更改，单击"是"按钮。

Access 数据库可以自动确定两个表之间的关系类型。在建立表关系后，可以看到在两个表的相同字段之间出现了一条关系线。例如，在"住院科室信息表"的一方显示"1"，在"住院病人信息表"的一方显示"∞"，这表示一对多关系，即"住院科室信息表"的一条记录关联"住院病人信息表"中的多条记录。"1"方表中的字段是主键，"∞"方表中的字段是外键（即外部关键字）。在建立两个表之间的关系时，相关联的字段的名称可以不同，但是它们的数据类型必须相同，否则将无法实施参照完整性。

4. 编辑表间关系

建立好表间关系后，可以根据需要编辑表间关系，还可以删除不再需要的表间关系，具体操作步骤如下。

① 关闭所有已打开的表，单击"数据库工具"选项卡下"关系"组中的"关系"按钮，打开"关系"窗口。

② 如果要删除两个表之间的关系，那么可以单击要删除的关系线，接着单击鼠标右键，从弹出的快捷菜单中执行"删除"命令；如果要更改两个表之间的关系，那么从弹出的快捷菜单中执行"编辑关系"命令，此时将弹出图 2-30 所示的"编辑关系"对话框。如果要清除"关系"窗口，那么可以在"设计"选项卡的"工具"组中单击"清除布局"按钮。

2.2.5　向表中输入数据

在 Access 数据库中，有多种方式可以实现向表中输入数据。下面将重点介绍使用数据表视图输入数据、使用查阅列表输入数据，以及获取外部数据。

1. 使用数据表视图输入数据

【例 2.18】　将表 2-9 所示的数据输入"住院管理信息"数据库的"住院科室信息表"中，操作步骤如下。

表 2-9　　　　　　　　　　　"住院科室信息表"的部分内容

科 室 编 码	科 室 名 称
215	普外科
216	骨外科

① 打开例 2.14 更新后的"住院管理信息"数据库，在导航窗格中双击"住院科室信息表"，即可打开数据表视图，如图 2-32 所示。

② 在第一条空记录的第一个字段输入"科室编码"的字段值，输入完成后按 Enter 键转到下一个字段"科室名称"，输入"科室名称"的字段值后按 Enter 键，此时将跳转到下一条记录，如图 2-33 所示。继续输入数据，输入完全部记录后，单击快速访问工具栏中的"保存"按钮，保存表中的数据。

图 2-32　以数据表视图方式打开"住院科室信息表"

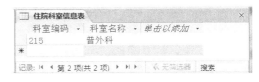
图 2-33　在数据表视图中向"住院科室信息表"输入数据

2. 使用查阅列表输入数据

通常情况下，Access 表中的字段值大多来自手工输入的数据，或从其他数据源导入的数据。如果某个字段值是一组固定数据，例如"住院医生护士信息表"中的"职称"字段值为"医师""主治医师""副主任医师""主任医师""护士""护师""主管护师""副主任护师""主任护师"等，那么手工直接输入比较麻烦且容易出错。此时，可以将这组固定值设置为一个列表，从列表中选择输入，这样不但可以大大提高输入效率，而且可以避免输入错误。

在 Access 中，有两种方法可以用来创建查阅列表：一种是使用向导创建，另一种是直接在"查阅"选项卡中设置。

【例 2.19】　使用向导为"住院管理信息"数据库中"住院医生护士信息表"的"职称"字段创建查阅列表，列表中显示"医师""主治医师""副主任医师""主任医师""护士""护师""主管护师""副主任护师""主任护师"9 个字段值，操作步骤如下。

① 打开例 2.14 更新后的"住院管理信息"数据库，使用设计视图打开"住院医生护士信息表"，选择"职称"字段。

② 在"数据类型"列中选择"查阅向导"，打开"查阅向导"的第一个对话框，如图 2-34 所示。

③ 在该对话框中，选中"自行键入所需的值"单选按钮，接着单击"下一步"按钮，打开"查阅向导"的第二个对话框。

④ 在"第 1 列"的每行中依次输入"医师""主治医师""副主任医师""主任医师""护士""护师""主管护师""副主任护师""主任护师"9 个字段值，每输入完一个值后按 ↓ 键转至下一行，列表设置结果如图 2-35 所示。

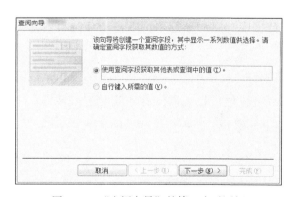

图 2-34　"查阅向导"的第一个对话框

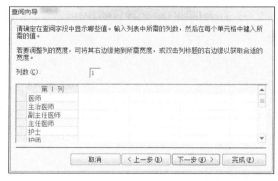

图 2-35　查阅列表设置结果

⑤ 单击"下一步"按钮，弹出"查阅向导"的最后一个对话框。在该对话框的"请为查阅列表指定标签"文本框中输入名称，本例使用默认值，直接单击"完成"按钮。

⑥ 设置完"职称"字段的查阅列表后，切换到"住院医生护士信息表"的数据表视图，可以看到"职称"字段值右侧出现下拉按钮。单击该下拉按钮，会弹出一个下拉列表，列表中列出了"医师""主治医师""副主任医师""主任医师""护士""护师""主管护师""副主任护师""主任护师"9 个字段值，如图 2-36 所示。

图 2-36　查阅列表字段（一）

【例 2.20】　在"查阅"选项卡中，为"住院管理信息"数据库中"住院医生护士信息表"的"用户性别"字段设置查阅列表，列表中显示"男"和"女"，操作步骤如下。

① 打开例 2.19 更新后的"住院管理信息"数据库，使用设计视图打开"住院医生护士信息表"，选择"用户性别"字段。

② 在"字段属性"区内单击"查阅"选项卡。

③ 单击"显示控件"行右侧下拉按钮，从弹出的下拉列表中选择"列表框"选项；单击"行来源类型"行右侧下拉按钮，从弹出的下拉列表中选择"值列表"选项；在"行来源"文本框中输入""男";"女""，设置结果如图 2-37 所示。

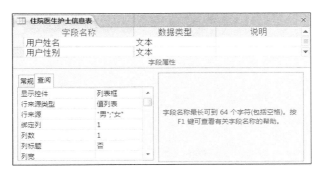

图 2-37　查阅列表参数设置结果

需要注意的是，"行来源类型"属性必须为"值列表"或"表/查询"，"行来源"属性必须包含值列表或查询。

④ 设置完"用户性别"字段的查阅列表后，切换到"住院医生护士信息表"的数据表视图，可以看到"用户性别"字段值右侧出现下拉按钮。单击该下拉按钮，会弹出一个下拉列表，列表中列出了"男"和"女"两个字段值，如图 2-38 所示。

图 2-38　查阅列表字段（二）

3. 获取外部数据

在 Access 中，可以通过导入操作将外部数据添加到当前数据库中。导入数据时，将从外部获取数据并形成数据库中的数据表对象，此后将与外部数据源断绝链接，不论外部数据源是否发生变化，都不会影响已经导入的数据。Access 支持导入 Excel 工作表、XML 文件、SharePoint 列表和其他 Access 数据库等类型的外部数据。

【例 2.21】 将 Excel 文件"住院科室信息表.xlsx""住院医生护士信息表.xlsx""住院病人信息表.xlsx""医嘱信息表.xlsx""住院费用信息表-1.xlsx""住院费用信息表-2.xlsx"导入"住院管理信息"数据库中，操作步骤如下。

例 2.21

① 打开例 2.20 更新后的"住院管理信息"数据库，单击"外部数据"选项卡，在"导入并链接"组中单击"Excel"按钮，打开"获取外部数据-Excel 电子表格"对话框。

② 在该对话框中单击"浏览"按钮，打开"打开"对话框，找到并选中要导入的 Excel 文件"住院科室信息表.xlsx"，接着单击"打开"按钮，返回"获取外部数据-Excel 电子表格"对话框，选中"向表中追加一份记录的副本"单选按钮，并在其右侧的下拉列表框中选择"住院科室信息表"，如图 2-39 所示。

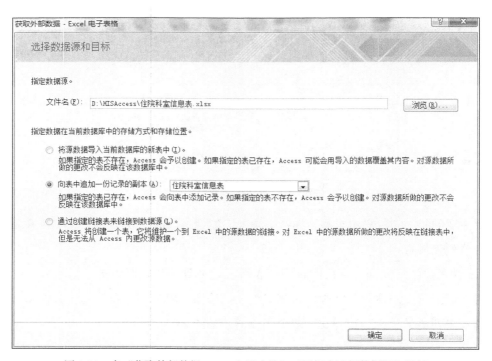

图 2-39　在"获取外部数据-Excel 电子表格"对话框中选择数据源和目标

③ 单击"确定"按钮，打开"导入数据表向导"的第一个对话框，如图 2-40 所示。

④ 单击"下一步"按钮，打开"导入数据表向导"的第二个对话框，如图 2-41 所示。

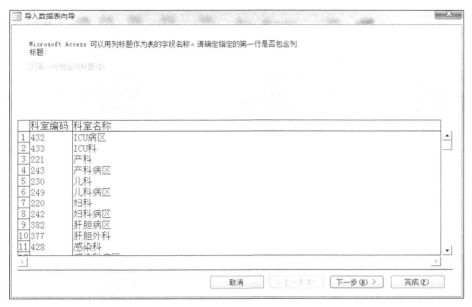

图 2-40　"导入数据表向导"的第一个对话框

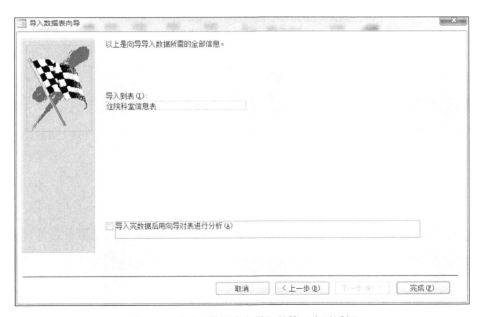

图 2-41　"导入数据表向导"的第二个对话框

⑤ 单击"完成"按钮，完成数据导入操作。以数据表视图的形式打开"住院科室信息表"，此时可以看到表中已经导入了 Excel 文件"住院科室信息表.xlsx"中的数据，如图 2-42 所示。

⑥ 参考步骤①～⑤，将"住院医生护士信息表.xlsx""住院病人信息表.xlsx""医嘱信息表.xlsx""住院费用信息表-1.xlsx""住院费用信息表-2xlsx"导入"住院管理信息"数据库中。

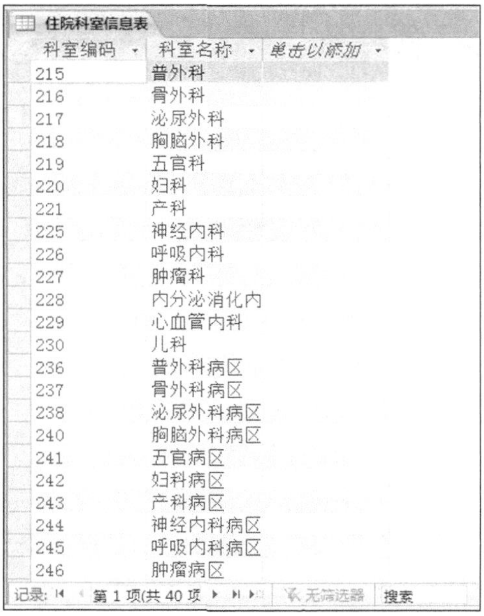

住院科室信息表

科室编码	科室名称	单击以添加
215	普外科	
216	骨外科	
217	泌尿外科	
218	胸脑外科	
219	五官科	
220	妇科	
221	产科	
225	神经内科	
226	呼吸内科	
227	肿瘤科	
228	内分泌消化内	
229	心血管内科	
230	儿科	
236	普外科病区	
237	骨外科病区	
238	泌尿外科病区	
240	胸脑外科病区	
241	五官病区	
242	妇科病区	
243	产科病区	
244	神经内科病区	
245	呼吸内科病区	
246	肿瘤病区	

记录: 第 1 项(共 40 项 无筛选器 搜索

图 2-42　“住院科室信息表”中导入了“住院科室信息表.xlsx”中的数据

2.3 表的维护

最初创建的数据表有可能不够完善、无法充分满足实际需求，用户可以在后期根据实际需要对数据表进行维护，包括修改表结构、编辑表内容和调整表格式等。

2.3.1 修改表结构

修改表结构主要包括添加字段、修改字段、删除字段和重新设置主键等操作，其中前 3 项操作既可以在设计视图中进行，又可以在数据表视图中进行；重新设置主键的操作只能在设计视图中进行。

2.3.2 编辑表内容

为了确保数据表中数据的准确性，用户常常需要编辑表中的内容，主要包括定位记录、选择记录、添加记录、删除记录、修改数据和复制数据等操作。

1. 定位记录

向数据表中输入数据后，如果要对数据进行修改，则先要定位记录并选中记录。定位记录主要有 3 种方法：使用记录导航条定位、使用快捷键定位和单击“转至”按钮定位。

【例 2.22】 将鼠标光标定位到“住院管理信息”数据库中“住院科室信息表”的第 15

条记录上，操作步骤如下。

① 打开例 2.21 更新后的"住院管理信息"数据库，用数据表视图打开"住院科室信息表"。

② 在记录导航条的"当前记录"文本框中输入记录号 15，按 Enter 键，此时光标将定位到该记录上，如图 2-43 所示。

图 2-43　定位指定记录

用户可以使用快捷键快速定位记录和字段，快捷键及其定位功能如表 2-10 所示。

表 2-10　　　　　　　　　　　　　　　快捷键及其定位功能

快 捷 键	定 位 功 能
Tab、Enter、向右箭头→	下一字段
Shift+Tab、向左箭头←	上一字段
Home	当前记录中的第一个字段
End	当前记录中的最后一个字段
Ctrl+向上箭头↑	第一条记录中的当前字段

续表

快　捷　键	定　位　功　能
Ctrl+向下箭头↓	最后一条记录中的当前字段
Ctrl+Home	第一条记录中的第一个字段
Ctrl+End	最后一条记录中的第一个字段
向上箭头↑	上一条记录中的当前字段
向下箭头↓	下一条记录中的当前字段
PageDown	下移一屏
PageUp	上移一屏
Ctrl+PageDown	左移一屏
Ctrl+PageUp	右移一屏

2. 选择记录

选择记录可以使用鼠标或键盘来进行。因日常工作中用户主要使用鼠标来操作，故在此重点介绍使用鼠标选择记录的方法，如表 2-11 所示。

表 2-11　　　　　　　　　　　　使用鼠标选择记录的方法

数　据　范　围	操　作　方　法
字段中的一部分数据	单击开始处，将鼠标指针拖动到结尾处
字段中的全部数据	移动鼠标指针到字段左侧，当鼠标指针变为空心十字形后单击
相邻多字段中的数据	移动鼠标指针到第一个字段左侧，当鼠标指针变为空心十字形后，按住鼠标左键并拖动鼠标指针到最后一个字段尾部
一列数据	单击该列的字段选定器
多列数据	将鼠标指针放到第一列顶端字段名处，当鼠标指针变为下拉箭头后，按住鼠标左键并拖动鼠标指针到选定范围的结尾列
一条记录	单击该记录的记录选定器
多条记录	单击第一条记录的记录选定器，按住鼠标左键并拖动鼠标指针到选定范围的结尾处

还有一个常用的操作是选择所有记录，可以直接按键盘上的 Ctrl+A 快捷键来完成选择。

3. 添加记录

要向数据表中添加记录时，需要先使用数据表视图打开要添加记录的表，接着单击记录导航条上的“新空白记录”按钮▶，即可输入要添加的数据，这是最快捷的方法。

4. 删除记录

要从数据表中删除记录时，需要先使用数据表视图打开要删除记录的表，接着单击要删除记录的记录选定器，再按键盘上的 Delete 键，最后在弹出的删除记录提示对话框中单击“是”按钮即可，这是最快捷的方法。

5. 修改数据

要修改数据表中的数据，需要先使用数据表视图打开要修改数据的表，接着将鼠标指针定位到要修改数据的相应字段下，直接修改即可。

6. 复制数据

当输入或编辑数据时，有些数据可能相同或相似，此时可以通过复制和粘贴操作将某个字段中的一部分或全部数据快速复制到另一个字段中。操作方法是选择要复制的数据，接着按 Ctrl+C 快捷键，再将鼠标指针定位到目标字段处，最后按 Ctrl+V 快捷键完成复制。

2.3.3 调整表格式

调整表格式是为了使表更美观，主要操作包括改变字段显示次序、调整行高、调整列宽、隐藏列、显示隐藏的列、冻结列、设置数据表格式和改变文字样式等。

1. 改变字段显示次序

默认情况下，Access 数据表中字段的显示次序与它们在表或查询中创建的次序一致，但是有时需要改变字段的显示次序以满足查看数据的需要。

【例 2.23】 将“住院管理信息”数据库下“住院病人信息表”中的“科室编码”字段移动到“出生日期”字段前面，操作步骤如下。

① 打开例 2.21 更新后的“住院管理信息”数据库，用数据表视图打开“住院病人信息表”。

② 单击“科室编码”字段的字段选定器以选中该字段列，按住鼠标左键拖动选中列到“出生日期”字段前面，最后松开鼠标左键即可。改变字段显示次序前后的效果分别如图 2-44 和图 2-45 所示。

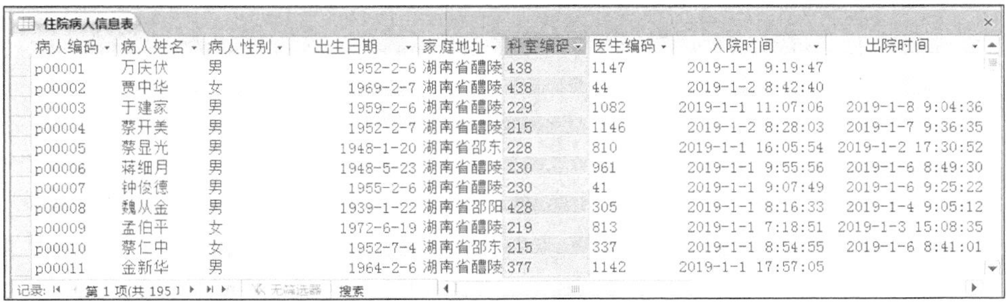

病人编码	病人姓名	病人性别	出生日期	家庭地址	科室编码	医生编码	入院时间	出院时间
p00001	万庆伏	男	1952-2-6	湖南省醴陵	438	1147	2019-1-1 9:19:47	
p00002	贾中华	女	1969-2-7	湖南省醴陵	438	44	2019-1-2 8:42:40	
p00003	于建家	男	1959-2-6	湖南省醴陵	229	1082	2019-1-1 11:07:06	2019-1-8 9:04:36
p00004	蔡开美	男	1952-2-7	湖南省醴陵	215	1146	2019-1-2 8:28:03	2019-1-7 9:36:35
p00005	蔡显光	男	1948-1-20	湖南省邵东	228	810	2019-1-1 16:05:54	2019-1-2 17:30:52
p00006	蒋细月	男	1948-5-23	湖南省醴陵	230	961	2019-1-1 9:55:56	2019-1-6 8:49:30
p00007	钟俊德	男	1955-2-6	湖南省醴陵	230	41	2019-1-1 9:07:49	2019-1-6 9:25:22
p00008	魏从金	男	1939-1-22	湖南省邵阳	428	305	2019-1-1 8:16:33	2019-1-4 9:05:12
p00009	孟伯平	女	1972-6-19	湖南省醴陵	219	813	2019-1-1 7:18:51	2019-1-3 15:08:35
p00010	蔡仁中	女	1952-7-4	湖南省邵东	215	337	2019-1-1 8:54:55	2019-1-6 8:41:01
p00011	金新华	男	1964-2-6	湖南省醴陵	377	1142	2019-1-1 17:57:05	

图 2-44　改变字段显示次序前

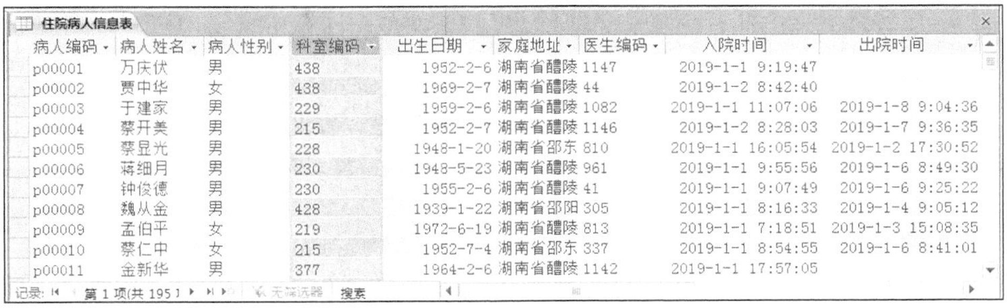

病人编码	病人姓名	病人性别	科室编码	出生日期	家庭地址	医生编码	入院时间	出院时间
p00001	万庆伏	男	438	1952-2-6	湖南省醴陵	1147	2019-1-1 9:19:47	
p00002	贾中华	女	438	1969-2-7	湖南省醴陵	44	2019-1-2 8:42:40	
p00003	于建家	男	229	1959-2-6	湖南省醴陵	1082	2019-1-1 11:07:06	2019-1-8 9:04:36
p00004	蔡开美	男	215	1952-2-7	湖南省醴陵	1146	2019-1-2 8:28:03	2019-1-7 9:36:35
p00005	蔡显光	男	228	1948-1-20	湖南省邵东	810	2019-1-1 16:05:54	2019-1-2 17:30:52
p00006	蒋细月	男	230	1948-5-23	湖南省醴陵	961	2019-1-1 9:55:56	2019-1-6 8:49:30
p00007	钟俊德	男	230	1955-2-6	湖南省醴陵	41	2019-1-1 9:07:49	2019-1-6 9:25:22
p00008	魏从金	男	428	1939-1-22	湖南省邵阳	305	2019-1-1 8:16:33	2019-1-4 9:05:12
p00009	孟伯平	女	219	1972-6-19	湖南省醴陵	813	2019-1-1 7:18:51	2019-1-3 15:08:35
p00010	蔡仁中	女	215	1952-7-4	湖南省邵东	337	2019-1-1 8:54:55	2019-1-6 8:41:01
p00011	金新华	男	377	1964-2-6	湖南省醴陵	1142	2019-1-1 17:57:05	

图 2-45　改变字段显示次序后

需要注意的是，改变字段显示次序不会改变表设计视图中字段的排列顺序，而仅改变了字段在数据表视图中的显示次序。

2. 调整字段显示高度

调整字段显示高度可以使用鼠标调整，也可以执行命令调整。

使用鼠标调整字段显示高度时，首先用数据表视图打开相应的表，接着将鼠标指针放在表中任意两行的选定器之间，当鼠标指针变为向上向下双箭头后，按住鼠标左键，向上移动可以减小字段显示高度，向下移动可以增加字段显示高度，当高度达到需求时，松开鼠标左键即可。

执行命令调整字段显示高度时，首先用数据表视图打开相应的表，接着用鼠标右键单击记录选定器，从弹出的快捷菜单中执行"行高"命令以打开"行高"对话框，在其中的"行高"文本框中输入所需的行高值即可。

3. 调整字段显示宽度

调整字段显示宽度可以使用鼠标调整，也可以执行命令调整。

使用鼠标调整字段显示宽度时，首先用数据表视图打开相应的表，接着单击要调整其显示宽度的字段的选定器以选中该字段列，将鼠标指针放在该字段列最右端，当鼠标指针变为向左向右双箭头后，按住鼠标左键，向左移动可以减小字段显示宽度，向右移动可以增加字段显示宽度，当宽度达到需求时，松开鼠标左键即可。

执行命令调整字段显示宽度时，首先用数据表视图打开相应的表，接着单击要调整其显示宽度的字段的选定器以选中该字段列，单击鼠标右键，从弹出的快捷菜单中执行"字段宽度"命令以打开"列宽"对话框，在其中的"列宽"文本框中输入所需的列宽值即可。

4. 隐藏列

在数据表视图中，为了方便查看主要数据，有时可以将不需要的字段列暂时隐藏，当需要的时候再将其重新显示。

【例 2.24】 将"住院管理信息"数据库下"住院病人信息表"中的"家庭地址"字段列隐藏，操作步骤如下。

① 打开例 2.21 更新后的"住院管理信息"数据库，用数据表视图打开"住院病人信息表"。

② 单击"家庭地址"字段列的字段选定器。如果要一次性隐藏多列，那么可以先单击要隐藏的第一个字段列的字段选定器，接着按住 Shift 键单击要隐藏的最后一个字段列的字段选定器，此时从第一个字段列到最后一个字段列都已被选中。

③ 单击鼠标右键，从弹出的快捷菜单中执行"隐藏字段"命令，此时选定的字段列都已被隐藏。

5. 显示隐藏的列

在需要的时候，可以将隐藏的列重新显示出来。

【例 2.25】　将“住院管理信息”数据库下“住院病人信息表”中的“家庭地址”字段列重新显示出来，操作步骤如下。

① 打开例 2.24 更新后的“住院管理信息”数据库，用数据表视图打开“住院病人信息表”。

② 单击任意字段列的字段选定器，接着单击鼠标右键，从弹出的快捷菜单中执行“取消隐藏字段”命令，打开“取消隐藏列”对话框。

③ 在“取消隐藏列”对话框的“列”列表框中勾选要显示列的复选框，单击“关闭”按钮，此时隐藏的列已被显示出来。

6. 冻结列

当所建的表包含很多字段时，查看某些字段必须滚动滚动条才能看到。如果希望始终都能看到某些字段，可以将其冻结，那么当水平滚动数据表时，这些字段将在窗口中固定不动。

【例 2.26】　将“住院管理信息”数据库下“住院费用信息表”中的“费用编码”字段列冻结，操作步骤如下。

① 打开例 2.21 更新后的“住院管理信息”数据库，用数据表视图打开“住院费用信息表”。

② 单击“费用编码”字段的字段选定器以选定该字段列，接着单击鼠标右键，从弹出的快捷菜单中执行“冻结字段”命令，此时“费用编码”字段列出现在最左边。当水平滚动窗口时，该字段列始终显示在窗口的最左侧，如图 2-46 所示。

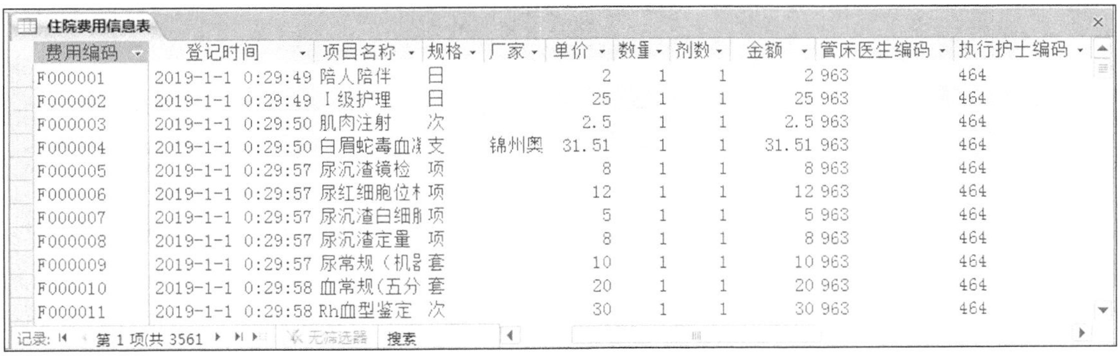
住院费用信息表

费用编码	登记时间	项目名称	规格	厂家	单价	数量	剂数	金额	管床医生编码	执行护士编码
F000001	2019-1-1 0:29:49	陪人陪伴	日		2	1	1	2	963	464
F000002	2019-1-1 0:29:49	Ⅰ级护理	日		25	1	1	25	963	464
F000003	2019-1-1 0:29:50	肌肉注射	次		2.5	1	1	2.5	963	464
F000004	2019-1-1 0:29:50	白眉蛇毒血凝	支	锦州奥	31.51	1	1	31.51	963	464
F000005	2019-1-1 0:29:57	尿沉渣镜检	项		8	1	1	8	963	464
F000006	2019-1-1 0:29:57	尿红细胞位相	项		12	1	1	12	963	464
F000007	2019-1-1 0:29:57	尿沉渣白细胞	项		5	1	1	5	963	464
F000008	2019-1-1 0:29:57	尿沉渣定量	项		8	1	1	8	963	464
F000009	2019-1-1 0:29:57	尿常规（机器	套		10	1	1	10	963	464
F000010	2019-1-1 0:29:58	血常规(五分	套		20	1	1	20	963	464
F000011	2019-1-1 0:29:58	Rh血型鉴定	次		30	1	1	30	963	464

记录: 第 1 项(共 3561　无筛选器　搜索

图 2-46　冻结“费用编码”字段列后的数据表

如果要取消冻结列，只需用鼠标右键单击任意字段列的字段选定器，从弹出的快捷菜单中执行“取消冻结所有字段”命令即可。

7. 设置数据表格式

默认情况下，在数据表视图中的水平和垂直方向会显示网格线，并且网格线颜色、背景色和替代背景色都使用系统默认的颜色。用户可以根据需要对数据表格式进行设置，操作步骤如下。

① 用数据表视图打开要设置其格式的表。

② 在"开始"选项卡的"文本格式"组中单击"网格线"按钮⊞，从弹出的下拉列表中选择所需的网格线，如图 2-47 所示。单击"文本格式"组右下角的"设置数据表格式"按钮，打开"设置数据表格式"对话框，如图 2-48 所示。

图 2-47　网格线样式

图 2-48　"设置数据表格式"对话框

③ 在"设置数据表格式"对话框中，可以根据需要对单元格效果、网格线显示方式、背景色、替代背景色、网格线颜色、边框和线型及方向进行设置，最后单击"确定"按钮。

8. 改变文字样式

为了更加美观、醒目地显示数据，用户可以根据需要改变数据表中文字的字体、字形、字号和颜色。

【例 2.27】　将"住院管理信息"数据库下"住院病人信息表"中文字的字体改为楷体、字号改为 12、字形改为加粗、颜色改为橙色，操作步骤如下。

① 打开例 2.21 更新后的"住院管理信息"数据库，用数据表视图打开"住院病人信息表"。

② 在"开始"选项卡的"文本格式"组中，单击"字体"按钮右侧的下拉按钮，从弹出的下拉列表中选择"楷体"；单击"字号"按钮右侧的下拉按钮，从弹出的下拉列表中选择"12"；单击"加粗"按钮；单击"字体颜色"按钮右侧的下拉按钮，从弹出的下拉列表

中选择"标准色"组中的颜色"深红"。最终的效果如图 2-49 所示。

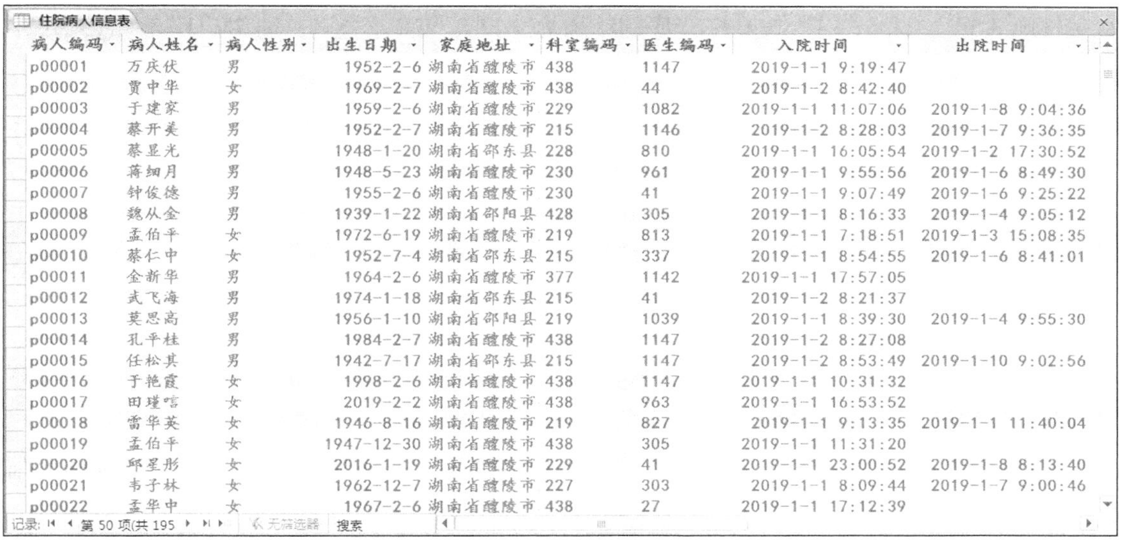

病人编码	病人姓名	病人性别	出生日期	家庭地址	科室编码	医生编码	入院时间	出院时间
p00001	万庆伏	男	1952-2-6	湖南省醴陵市	438	1147	2019-1-1 9:19:47	
p00002	贾中华	女	1969-2-7	湖南省醴陵市	438	44	2019-1-2 8:42:40	
p00003	于建家	男	1959-2-6	湖南省醴陵市	229	1082	2019-1-1 11:07:06	2019-1-8 9:04:36
p00004	蔡开美	男	1952-2-7	湖南省醴陵市	215	1146	2019-1-1 8:28:03	2019-1-7 9:36:35
p00005	蔡显光	男	1948-1-20	湖南省邵东县	228	810	2019-1-1 16:05:54	2019-1-2 17:30:52
p00006	蒋细月	男	1948-5-23	湖南省醴陵市	230	961	2019-1-1 9:55:56	2019-1-6 8:49:30
p00007	钟俊德	男	1955-2-6	湖南省醴陵市	230	41	2019-1-1 9:07:49	2019-1-6 9:25:22
p00008	魏从金	男	1939-1-22	湖南省邵阳县	428	305	2019-1-1 8:16:33	2019-1-4 9:05:12
p00009	孟伯平	女	1972-6-19	湖南省醴陵市	219	813	2019-1-1 7:18:51	2019-1-3 15:08:35
p00010	蔡仁中	女	1952-7-4	湖南省邵东县	215	337	2019-1-1 8:54:55	2019-1-6 8:41:01
p00011	金新华	男	1964-2-6	湖南省醴陵市	377	1142	2019-1-1 17:57:05	
p00012	武飞海	男	1974-1-18	湖南省邵东县	215	41	2019-1-2 8:21:37	
p00013	莫恩高	男	1956-1-10	湖南省邵阳县	219	1039	2019-1-1 8:39:30	2019-1-4 9:55:30
p00014	孔平桂	男	1984-2-7	湖南省醴陵市	438	1147	2019-1-2 8:27:08	
p00015	任松其	男	1942-7-17	湖南省邵东县	215	1147	2019-1-1 8:53:49	2019-1-10 9:02:56
p00016	于艳霞	女	1998-2-6	湖南省醴陵市	438	1147	2019-1-1 10:31:32	
p00017	田瑾暗	女	2019-2-2	湖南省醴陵市	438	963	2019-1-1 16:53:52	
p00018	雷华英	女	1946-8-16	湖南省醴陵市	919	827	2019-1-1 9:13:03	2019-1-1 11:40:04
p00019	孟伯平	女	1947-12-30	湖南省醴陵市	438	305	2019-1-1 11:31:20	
p00020	邱星彤	女	2016-1-19	湖南省醴陵市	229	41	2019-1-1 23:00:52	2019-1-8 8:13:40
p00021	韦子林	女	1962-12-7	湖南省醴陵市	227	303	2019-1-1 8:09:44	2019-1-7 9:00:46
p00022	孟华中	女	1967-2-6	湖南省醴陵市	438	27	2019-1-1 17:12:39	

记录：第 50 项(共 195 项)　无筛选器　搜索

图 2-49　改变文字样式后的效果

2.4　表 的 使 用

数据表创建好后，用户可以根据需要对表中的数据进行排序或筛选。

2.4.1　排序记录

当浏览表中的数据时，记录的显示顺序一般是输入记录时的顺序，或者是按主键升序排列的顺序。用户可以根据需要对记录进行排序。

1．排序规则

排序是指根据当前表中的一个或多个字段的值对表中的所有记录重新进行排列，排序可以按升序进行，也可以按降序进行。字段的数据类型不同，排序规则也会不同，具体规则如下。

（1）汉字按拼音字母的顺序排序，升序为从 a 到 z，降序为从 z 到 a。

（2）英文按字母顺序排序，不区分大小写，升序为从 A 到 Z，降序为从 Z 到 A。

（3）数字按大小排序，升序为从小到大，降序为从大到小。

（4）日期按先后顺序排序，升序为从前往后，降序为从后往前。

特别需要注意的如下。

（1）如果字段的数据类型为文本型，而字段的取值中有数字，那么 Access 会将数字视为字符串，排序时将按照 ASCII 值的大小排序，而不是按照数值本身的大小排序。例如，对文本字符串"3""5""13"按升序排序的结果为"13""3""5"，因为"1"的 ASCII 值小于"3"的 ASCII 值。

（2）按升序排序时，如果有字段的值为空值，那么包含空值的字段会排在前面。

（3）数据类型为备注型、OLE 对象型、超链接型或附件型的字段不能排序。

（4）排序后，排序结构将与表一起保存。

2. 按一个字段排序

如果要按一个字段对数据进行排序，可以在数据表视图中进行操作。

【例 2.28】 在"住院管理信息"数据库的"住院病人信息表"中，按"出生日期"字段值进行升序排序，操作步骤如下。

① 打开例 2.21 更新后的"住院管理信息"数据库，用数据表视图打开"住院病人信息表"。

② 单击"出生日期"字段所在的列，接着单击"开始"选项卡中"排序和筛选"组中的"升序"按钮 ↓ 升序。

执行完上述操作后，表中的记录已按"出生日期"字段值升序排序，保存表时排序也将被保存。

3. 按多个字段排序

如果要按多个字段对数据进行排序，Access 将先对第一个字段按照指定的顺序进行排序，当不同记录的第一个字段具有相同值时，再对第二个字段按照指定的顺序进行排序，依此类推，直到全部排序完毕。排序操作可以单击"升序"按钮或"降序"按钮进行，也可以执行"高级筛选/排序"命令进行。

【例 2.29】 在"住院管理信息"数据库的"住院病人信息表"中，按"病人性别"和"出生日期"两个字段的值进行升序排序。单击"升序"按钮进行排序的操作步骤如下。

① 打开例 2.21 更新后的"住院管理信息"数据库，用数据表视图打开"住院病人信息表"。

② 在"病人性别"字段列的字段选定器处，按住鼠标左键并向右拖动将"出生日期"字段列也选中，接着单击"开始"选项卡中"排序和筛选"组中的"升序"按钮 ↓ 升序。排序结果如图 2-50 所示。

从图 2-50 所示可以看出，排序时先按"病人性别"字段值排序，当"病人性别"字段值相同时再按"出生日期"字段值排序。因此，当按多个字段进行排序时，必须注意字段的先后顺序。对两个字段进行排序时，如果不是同时将这两个字段选中，或者这两个字段不相邻，那么就需要先对第二个字段进行排序，再对第一个字段进行排序。

病人编码 ▾	病人姓名 ▾	病人性别 ▾	出生日期 ▾	家庭地址 ▾	科室编码 ▾	医生编码 ▾	入院时间 ▾	出院时间 ▾
p00029	田楚南	男	1928-2-6	湖南省醴陵	225	813	2019-1-1 10:10:09	2019-1-14 8:00:12
p00185	蔡光生	男	1930-5-13	湖南省醴陵	215	307	2019-1-1 9:50:02	2019-1-8 8:18:06
p00136	田兄华	男	1931-3-25	湖南省醴陵	428	44	2019-1-1 8:34:51	2019-1-11 10:12:00
p00099	孟杏生	男	1936-3-25	湖南省醴陵	225	35	2019-1-1 9:45:37	2019-1-4 8:00:11
p00069	伍兵抗	男	1937-2-6	湖南省醴陵	219	46	2019-1-1 8:55:36	2019-1-3 15:41:21
p00100	喻达田	男	1938-2-6	湖南省邵东	428	1147	2019-1-1 11:33:13	
p00008	魏从金	男	1939-1-22	湖南省邵阳	428	305	2019-1-1 8:16:33	2019-1-4 9:05:12
p00077	于建家	男	1941-1-14	湖南省醴陵	438	1147	2019-1-1 16:31:54	
p00176	汪明怡	男	1941-3-27	湖南省醴陵	216	797	2019-1-1 9:28:56	2019-1-8 9:13:27
p00135	杜运滔	男	1942-4-2	湖南省醴陵	229	305	2019-1-1 10:06:05	2019-1-9 8:44:18
p00015	任松其	男	1942-7-17	湖南省邵东	215	1147	2019-1-2 8:53:49	2019-1-10 9:02:56
p00183	田圣田	男	1943-2-6	湖南省醴陵	230	47	2019-1-1 16:30:12	2019-1-9 9:00:12
p00024	夏家强	男	1944-2-6	湖南省醴陵	438	146	2019-1-1 13:23:15	
p00126	于丽全	男	1944-3-20	湖南省醴陵	438	326	2019-1-1 11:17:01	
p00102	罗芝佑	男	1944-4-6	湖南省邵阳	226	1147	2019-1-1 8:47:12	2019-1-9 8:36:13
p00034	欧阳可雨	男	1945-2-6	湖南省醴陵	228	31	2019-1-1 8:40:36	2019-1-8 14:29:13
p00053	程兵生	男	1945-2-6	湖南省醴陵	438	1147	2019-1-1 13:14:01	
p00190	蔡久生	男	1945-12-30	湖南省醴陵	229	337	2019-1-1 8:45:44	2019-1-9 8:25:06
p00125	夏计成	男	1946-1-24	湖南省醴陵	219	1147	2019-1-1 0:12:00	2019-1-1 9:57:53
p00060	程敏恒	男	1946-11-27	湖南省醴陵	438	963	2019-1-1 9:36:40	
p00146	牛仕均	男	1948-1-16	湖南省醴陵	219	744	2019-1-1 8:42:56	2019-1-3 15:32:33
p00005	蔡显光	男	1948-1-20	湖南省邵东	228	810	2019-1-1 16:05:54	2019-1-2 17:30:52

记录： Ⅰ ◂ 第 1 项（共 195] ▸ ▸Ⅰ ◂ 无筛选器 搜索

图 2-50 单击"升序"按钮按两个字段排序

【例 2.30】 在"住院管理信息"数据库的"住院病人信息表"中，先按"病人性别"字段升序排序，再按"入院时间"字段降序排序。执行"高级筛选/排序"命令进行排序的操作步骤如下。

例 2.30

① 打开例 2.21 更新后的"住院管理信息"数据库，用数据表视图打开"住院病人信息表"。

② 在"开始"选项卡的"排序和筛选"组中单击"高级"按钮 ⅀ 高级 ▾ ，从弹出的下拉列表中执行"高级筛选/排序"命令，打开"筛选"窗口。"筛选"窗口分为上、下两个部分，上半部分显示了被打开的表的字段列表；下半部分是设计网格，用来指定排序字段、排序方式和排序条件。

③ 单击设计网格中第一列的"字段"行右侧的下拉按钮，从弹出的下拉列表中选择"病人性别"字段；单击设计网格中第二列的"字段"行右侧的下拉按钮，从弹出的下拉列表中选择"入院时间"字段。

④ 单击"病人性别"字段的"排序"单元格右侧的下拉按钮，从弹出的下拉列表中选择"升序"；单击"入院时间"字段的"排序"单元格右侧的下拉按钮，从弹出的下拉列表中选择"降序"，如图 2-51 所示。

⑤ 在"开始"选项卡的"排序和筛选"组中单击"切换筛选"按钮 ▽ 切换筛选 ，此时 Access 将按上述设置对"住院病人信息表"中的所有记录进行排序，如图 2-52 所示。

如果需要取消排序，可以在"开始"选项卡的"排序和筛选"组中单击"取消排序"按钮 ⅀ 取消排序 。

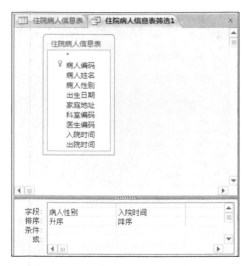

图 2-51　在“筛选”窗口设置排序次序

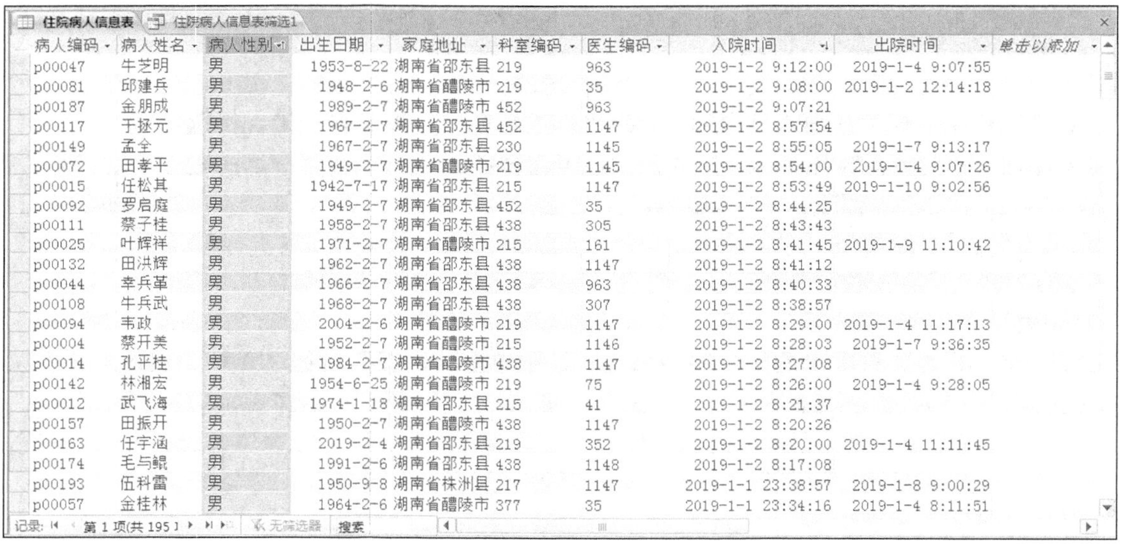

病人编码	病人姓名	病人性别	出生日期	家庭地址	科室编码	医生编码	入院时间	出院时间	单击以添加
p00047	牛芝明	男	1953-8-22	湖南省邵东县	219	963	2019-1-2 9:12:00	2019-1-4 9:07:55	
p00081	邱建兵	男	1948-2-6	湖南省醴陵市	219	35	2019-1-2 9:08:00	2019-1-2 12:14:18	
p00187	金朋成	男	1989-2-7	湖南省醴陵市	452	963	2019-1-2 9:07:21		
p00117	于拯元	男	1967-2-7	湖南省邵东县	452	1147	2019-1-2 8:57:54		
p00149	孟全	男	1967-2-7	湖南省邵东县	230	1145	2019-1-2 8:55:05	2019-1-7 9:13:17	
p00072	田孝平	男	1949-2-7	湖南省醴陵市	219	1145	2019-1-2 8:54:00	2019-1-4 9:07:26	
p00015	任松其	男	1942-7-17	湖南省邵东县	215	1147	2019-1-2 8:53:49	2019-1-10 9:02:56	
p00092	罗启庭	男	1949-2-7	湖南省邵东县	452	35	2019-1-2 8:44:25		
p00111	蔡子桂	男	1958-2-7	湖南省邵东县	438	305	2019-1-2 8:43:43		
p00025	叶辉祥	男	1971-2-7	湖南省醴陵市	215	161	2019-1-2 8:41:45	2019-1-9 11:10:42	
p00132	田洪辉	男	1962-2-7	湖南省邵东县	438	1147	2019-1-2 8:41:12		
p00044	幸兵革	男	1966-2-7	湖南省邵东县	438	963	2019-1-2 8:40:33		
p00108	牛兵武	男	1968-2-7	湖南省邵东县	438	307	2019-1-2 8:38:57		
p00094	韦政	男	2004-2-6	湖南省醴陵市	219	1147	2019-1-2 8:29:00	2019-1-4 11:17:13	
p00004	蔡开美	男	1952-2-7	湖南省醴陵市	215	1146	2019-1-2 8:28:03	2019-1-7 9:36:35	
p00014	孔平桂	男	1984-2-7	湖南省醴陵市	438	1147	2019-1-2 8:27:08		
p00142	林湘宏	男	1954-6-25	湖南省醴陵市	219	75	2019-1-2 8:26:00	2019-1-4 9:28:05	
p00012	武飞海	男	1974-1-18	湖南省邵东县	215	41	2019-1-2 8:21:37		
p00157	田振开	男	1950-2-7	湖南省醴陵市	438	1147	2019-1-2 8:20:26		
p00163	任宇涵	男	2019-2-4	湖南省邵东县	219	352	2019-1-2 8:20:00	2019-1-4 11:11:45	
p00174	毛与鲲	男	1991-2-6	湖南省邵东县	438	1148	2019-1-2 8:17:08		
p00193	伍科雷	男	1950-9-8	湖南省株洲县	217	1147	2019-1-1 23:38:57	2019-1-8 9:00:29	
p00057	金桂林	男	1964-2-6	湖南省醴陵市	377	35	2019-1-1 23:34:16	2019-1-4 8:11:51	

记录：第 1 项(共 195 项)　无筛选器　搜索

图 2-52　排序结果

2.4.2　筛选记录

在使用数据表时，经常需要从大量的数据中挑选出满足条件的记录进行处理。Access 提供了 4 种筛选记录的方法，分别是按选定内容筛选、使用筛选器筛选、按窗体筛选和高级筛选。筛选后，数据表中只显示满足条件的记录，其他记录将被隐藏。

1. 按选定内容筛选

【例 2.31】　在“住院管理信息”数据库的“住院病人信息表”中筛选出来自“湖南省醴陵市沩山镇”的病人，操作步骤如下。

① 打开例 2.21 更新后的"住院管理信息"数据库，用数据表视图打开"住院病人信息表"。

② 单击"家庭地址"字段列，从该列中找到"家庭地址"包含"湖南省醴陵市沩山镇"的一行，在该行中选中"湖南省醴陵市沩山镇"。

③ 在"开始"选项卡的"排序和筛选"组中单击"选择"按钮 ，此时弹出的下拉列表如图 2-53 所示。从该下拉列表中选择"包含'湖南省醴陵市沩山镇'"，从而筛选出相应的记录，如图 2-54 所示。

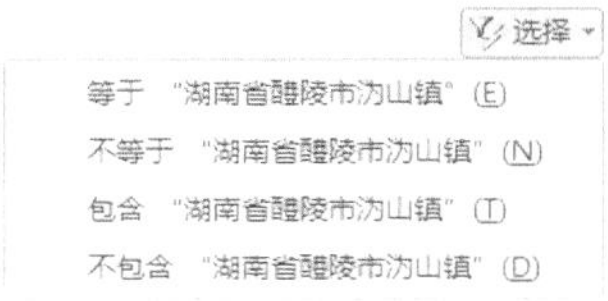

图 2-53　选择筛选选项

图 2-54　按选定内容筛选的记录

单击"选择"按钮，可以很容易地在下拉列表中找到常用的筛选选项。字段的数据类型不同，"选择"下拉列表提供的筛选选项也不同。当字段的数据类型为"文本"时，筛选选项包含"等于""不等于""包含""不包含"；当字段的数据类型为"日期/时间"时，筛选选项包含"等于""不等于""不晚于""不早于"；当字段的数据类型为"数字"时，筛选选项包含"等于""不等于""小于或等于""大于或等于"。完成筛选后，如果要将数据表恢复到筛选前的状态，只需单击"排序和筛选"组中的"切换筛选"按钮 即可。

2. 使用筛选器筛选

Access 的筛选器提供了一种快捷的筛选方式，它将选定的字段列中所有不重复的值以列表形式展示出来，供用户直接选择。字段的数据类型为 OLE 对象型或附件型时不能应用筛选器，其他类型的字段都可以应用筛选器。

【例 2.32】　在"住院管理信息"数据库的"住院医生护士信息表"中筛选出职称为"主任医师"的医生记录，操作步骤如下。

① 打开例 2.21 更新后的"住院管理信息"数据库，用数据表视图打开"住院医生护士信息表"。

② 单击"职称"字段列，在"开始"选项卡的"排序和筛选"组中单击"筛选器"按钮 ，在弹出的下拉列表中取消勾选"全选"复选框，勾选"主任医师"复选框，如图 2-55

所示。单击"确定"按钮后，Access 将显示筛选结果，如图 2-56 所示。

图 2-55　设置筛选选项

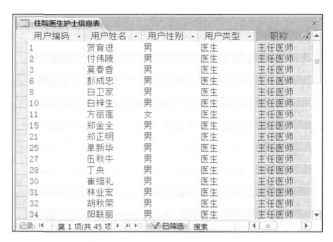

图 2-56　筛选出职称为"主任医师"的医生记录

需要说明的是，筛选器中显示的筛选选项取决于所选字段的数据类型和字段值，所选字段的数据类型不同，筛选选项也会不同。

3. 按窗体筛选

按窗体筛选记录时，需要在"按窗体筛选"窗口中设置筛选条件，每个字段都有对应的下拉列表，可以从每个下拉列表中选择一个字段值作为筛选内容。如果需要选择两个或两个以上的字段值，可以使用窗口底部的"或"标签来确定两个字段值之间的关系。

【例 2.33】　在"住院管理信息"数据库的"住院医生护士信息表"中筛选出职称为"主任医师"的男性医生记录，操作步骤如下。

① 打开例 2.21 更新后的"住院管理信息"数据库，用数据表视图打开"住院医生护士信息表"。

② 在"开始"选项卡的"排序和筛选"组中单击"高级"按钮 ，从弹出的下拉列表中执行"按窗体筛选"命令，切换到"按窗体筛选"窗口，如图 2-57 所示。

图 2-57　"按窗体筛选"窗口

③ 单击"用户性别"字段，接着单击其右侧的下拉按钮，从下拉列表中选择""男""；单击"职称"字段，接着单击其右侧的下拉按钮，从下拉列表中选择""主任医师""，如图 2-58 所示。

图 2-58　在"按窗体筛选"窗口中选择筛选字段值

④ 在"开始"选项卡的"排序和筛选"组中单击"切换筛选"按钮 ，即可看到筛选结果，如图 2-59 所示。

图 2-59　筛选出职称为"主任医师"的男医生记录

4. 高级筛选

当需要设置比较复杂的筛选条件时，可以使用"筛选"窗口实现。"筛选"窗口还支持对筛选结果进行排序。

【例 2.34】　在"住院管理信息"数据库的"住院病人信息表"中筛选出2000 年以后出生的男性病人记录，并按"入院时间"升序排序，操作步骤如下。

例 2.34

① 打开例 2.21 更新后的"住院管理信息"数据库，用数据表视图打开"住院病人信息表"。

② 在"开始"选项卡的"排序和筛选"组中单击"高级"按钮 ，从弹出的下拉列表中执行"高级筛选/排序"命令，打开"筛选"窗口。

③ 在"筛选"窗口上半部分显示的"住院病人信息表"字段列表中，分别双击"病人性别""出生日期""入院时间"字段，将它们添加到字段行中。

④ 在"病人性别"字段的"条件"单元格中输入条件""男""，在"出生日期"字段的"条件"单元格中输入">=#2000-1-1#"。

⑤ 单击"入院时间"字段的"排序"单元格，接着单击其右侧的下拉按钮，从弹出的下拉列表中选择"升序"，设置结果如图 2-60 所示。

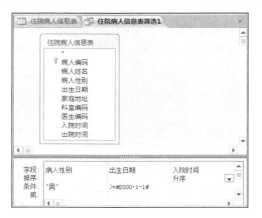

图 2-60　设置筛选条件和排序方式

⑥ 在"开始"选项卡的"排序和筛选"组中单击"切换筛选"按钮 ▼ 切换筛选 ，即可看到筛选结果，如图 2-61 所示。

病人编码	病人姓名	病人性别	出生日期	家庭地址	科室编码	医生编码	入院时间	出院时间
p00113	邓乔升	男	2018-3-31	湖南省醴陵市	221	35	2019-1-1 4:05:32	2019-1-6 9:00:07
p00134	顾允皓	男	2018-12-19	湖南省醴陵市	438	963	2019-1-1 8:22:57	
p00191	薛宇航	男	2018-6-18	湖南省醴陵市	438	963	2019-1-1 8:25:56	
p00166	余艳	男	2018-12-15	湖南省邵东县	228	38	2019-1-1 11:08:54	2019-1-8 10:07:21
p00097	方子毅	男	2018-4-6	湖南省醴陵市	438	1147	2019-1-1 16:42:58	
p00079	兵于诚	男	2017-5-6	湖南省醴陵市	438	29	2019-1-1 17:03:41	
p00042	贾添鑫	男	2019-2-4	湖南省醴陵市	230	35	2019-1-1 20:14:32	2019-1-7 9:37:02
p00093	蔡浩杰	男	2013-9-21	湖南省醴陵市	230	1147	2019-1-1 22:32:38	2019-1-6 8:56:18
p00163	任宇涵	男	2019-2-4	湖南省邵东县	219	352	2019-1-2 8:20:00	2019-1-4 11:11:45
p00094	韦政	男	2004-2-6	湖南省醴陵市	219	1147	2019-1-2 8:29:00	2019-1-4 11:17:13

记录：Ⅰ　第 1 项(共 10 项 ▶ ▶Ⅰ ▶*　▼ 已筛选　搜索

图 2-61　筛选出 2000 年以后出生的男性病人记录并按"入院时间"升序排序

5. 清除筛选

完成筛选后，如果不再需要筛选的结果，可以将其清除，以恢复到筛选前的状态。用户可以从单个字段中清除单个筛选，也可以从所有字段中清除所有筛选。清除所有筛选最快捷的方法是：在"开始"选项卡的"排序和筛选"组中单击"高级"按钮 ▼ 高级 ，从弹出的下拉列表中执行"清除所有筛选器"命令。

2.5　本　章　小　结

本章主要介绍了数据库的创建和操作、表的建立、表的维护和表的使用等内容。学习本章内容后，读者能掌握数据库和表的基本概念及基础操作，为学习后续章节的内容奠定基础。

2.6　习　　题

一、不定项选择题

1. 下列字段名称不正确的是（　　　）。

　　A．123　　　　　　B．abc　　　　　　C．我!你　　　　　D．我 5 们

2. 当输入的数据违反有效性规则时，Access 将给出提示信息。为了使提示信息更清晰、明确，用户可以设置（　　　）。

　　A．输入掩码　　　B．默认值　　　　C．有效性规则　　　D．有效性文本

3. Access 支持导入的外部数据包括（　　　）。

　　A．Excel 工作表　　　　　　　　　B．XML 文件

　　C．SharePoint 列表　　　　　　　D．其他 Access 数据库

4. 在 Access 数据表中，定位到当前字段的下一个字段的快捷键有（　　　）。

　　A．Tab 键　　　　　B．Enter 键　　　C．→键　　　　　　D．空格键

5. 下列哪些方法是 Access 中提供的筛选记录的方法？（　　　）

　　A．按选定内容筛选　　　　　　　　B．使用筛选器筛选

　　C．按窗体筛选　　　　　　　　　　D．高级筛选

二、填空题

1. 在 Access 中，表是由_____和_____组成的。

2. 建立表的方法主要有两种：一种是使用_____视图来建立，另一种是使用_____视图来建立。

3. 表间关系即表与表之间的关系，主要有_____、_____和_____3 种关系。

4. 对文本字符串"6""9""13"按升序排序的结果为_____。

5. 当需要设置比较复杂的筛选条件时，可以使用_____筛选。

第3章
查询

在使用数据库时，很多工作都需要对数据库中的数据进行统计、计算或检索。虽然在数据表中可以直接浏览、排序、筛选数据，但是，如果要进行数据计算或者从多张表中检索出符合条件的数据，仅利用数据表的记录操作就不能实现了，例如，想知道每位住院病人对应的住院医生及所在科室、某些住院病人的总费用等。在设计数据库时，为了避免数据冗余，常常把数据分别存放在多张数据表中。现在需要检索数据，有什么办法可以把用户感兴趣的数据从多张数据表中抽取出来重新组织在一起，以满足相应的数据检索需求呢？

为了解决这个问题，Access 引入了查询对象。查询实际上就是从一张或多张表（查询）中把用户需要的字段或记录抽取出来形成一个新的数据集合，方便用户对数据进行进一步的查看和分析。本章将介绍 Access 中查询对象的基本概念、各种类型的查询视图、各种查询的创建方法，以及 SQL 查询的基本内容。

本章的学习目标如下。

（1）了解查询的概念、类型及创建查询的查询向导和查询视图。

（2）掌握用查询向导创建各种查询的方法。

（3）掌握用设计视图创建各种查询的方法。

（4）掌握用简单的 SQL 语句创建查询的方法。

3.1 查询概述

查询是关系数据库中的一个重要概念，是根据一定的条件，从一张或多张表中提取数据并进行添加、修改、删除、更新、汇总及各种计算，返回一个新的数据集合的操作。查询的结果是一个数据记录的集合（操作查询除外），但是该记录集并不真正存在于数据库中，而是每次打开查询时才临时生成，使得查询中的数据始终与源表中的数据保持一致。也就是说，每次打开查询，会按照查询中保存的查询条件从数据表中抽取数据，并以记录集合的形式显示抽取数据的结果；关闭查询时，抽取出来的数据记录集随之消失。

查询最直接的目的是从表中找出符合条件的记录。在 Access 中，利用查询可以实现如下多种功能。

1. 选择字段

在查询中，可以只选择表中的部分字段。例如，创建一个查询，只显示"住院病人信息表"中每位病人的姓名、性别和入院时间。利用此功能，可以选择一张表中的不同字段来生成所需的数据记录集。

2. 选择记录

在查询中，可以根据指定的条件查找所需的记录，并显示查找到的记录。例如，创建一个查询，只显示"住院病人信息表"中 1992 年出生的病人记录。

3. 编辑记录

编辑记录包括添加、修改和删除记录等操作。在 Access 中，可以利用查询来添加、修改和删除表中的记录。例如，删除"住院病人信息表"中"病人姓名"为空（Null）的记录。

4. 实现计算

查询不仅可以找到满足条件的记录，还可以在创建查询的过程中进行各种统计计算，例如计算各科室的住院人数。另外，还可以建立一个计算字段，利用计算字段保存计算结果，例如根据"住院病人信息表"的"出生日期"字段计算每位病人的年龄。

5. 建立新表

利用查询得到的结果可以建立一张新表。例如，查询 1992 年出生的病人记录并将查询到的记录存放在一张新表中。

6. 作为其他数据库对象的数据来源

查询可以作为其他查询、窗体、报表的数据源。为了从一张或多张表中选择合适的数据显示在窗体或报表中，可以先创建一个查询，然后将该查询结果作为数据源。每次打开窗体或打印报表时，该查询就会从它的基表中检索出符合条件的最新记录。

3.1.1　查询类型

根据应用查询目的的不同，可以将 Access 查询分为以下 5 种类型：选择查询、参数查询、交叉表查询、操作查询和 SQL 查询。

1. 选择查询

选择查询是指根据用户指定的查询条件，从一张或多张表中获取数据并显示结果。使用选择查询，用户可以对记录进行分组、总计、计数、求平均值及其他计算。选择查询是最常用的一种查询类型，其运行结果是一组数据记录，即动态数据集。

2. 参数查询

参数查询是指在查询时增加可变化的参数，以增加查询的灵活性。当用户需要每次查询都针对某个字段改变查询准则时，可以利用参数查询来解决。参数查询在运行时，通过对话框提示用户输入查询准则，Access 再以用户输入的查询准则为条件，将查询结果显示出来。例如，可以以参数查询为基础来创建住院病人对应的住院医生及所在科室的查询，执行该查询时，Access 会弹出对话框来询问所查询病人的姓名；在对话框中输入病人姓名后，Access 即可查询出该病人对应的住院医生及所在科室。

3. 交叉表查询

交叉表查询实际上是一种对数据字段进行汇总计算的方法，计算的结果显示在一个行列交叉的表中。这类查询将表中的字段进行分类，一类放在交叉表的左侧，一类放在交叉表的上部，然后在行与列的交叉处显示表中某个字段的统计值。例如，要统计每个科室男女病人的人数，可以将"科室名称"作为交叉表的行标题，将"性别"作为交叉表的列标题，将统计的人数显示在交叉表行与列的交叉位置。

4. 操作查询

操作查询与选择查询相似，都需要指定查找记录的条件，但选择查询是检索符合条件的一组记录，而操作查询是在一次查询操作中对检索出的记录进行操作。操作查询共有以下 4 种类型。

① 生成表查询：将一张或多张表中数据的查询结果创建成新的数据表。

② 更新查询：根据指定条件对一张或多张表中的一组记录进行更新和修改。

③ 追加查询：将查询结果添加到一张或多张表的末尾。

④ 删除查询：从一张或多张表中删除一组记录。

5. SQL 查询

SQL（Structured Query Language）是一种结构化语言，也是一种国际化的标准语言，它包括专门为数据库而建立的操作命令集，可以实现对数据库的任何操作。SQL 查询就是用 SQL 语句创建的查询，包括基本查询、多表查询、联合查询、数据定义查询、数据操纵查询等。

3.1.2　查询视图

查询视图是设计查询或显示查询结果的界面。Access 2010 中的查询视图有 5 种：数据表视图、设计视图、SQL 视图、数据透视表视图和数据透视图视图。打开一个查询以后，在"开始"选项卡的"视图"组中单击"视图"按钮，在其下拉列表中就可以看到这 5 种视图。用户选择不同的视图，可以实现在不同的查询视图间切换。

1. 数据表视图

数据表视图是查询的浏览器。通过该视图，用户可以查看查询的运行结果。查询的数据表视图看起来很像表，但它们之间是有本质区别的。在查询数据表中不但无法插入或删除列，而且不能修改查询字段的字段名。因为由查询所生成的数据值并不是真正存在的值，而是动态地从被查询表中抽取来的，是被查询表中数据的镜像。查询告诉 Access 需要什么样的数据，Access 就会从表中查询出这些数据，并将它们反映到查询数据表视图中，也就是说，数据表视图仅显示查询结果。图 3-1 所示为"住院医生护士信息表"的数据表视图，此查询的目的是了解住院医生护士的编码、姓名、性别和职称信息。

2. 设计视图

设计视图是查询设计器。通过该视图，用户可以设计除 SQL 查询外的任何类型的查询。图 3-2 所示为用户查找住院医生护士基本信息的设计视图。

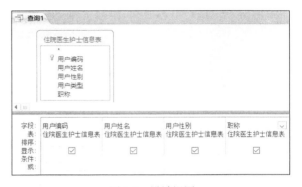

图 3-1　数据表视图　　　　　　　　　　图 3-2　设计视图

查询设计视图分为上、下两个部分，其设计网格中各部分的作用如表 3-1 所示。上部是创建查询所需要的数据源，可以是表，也可以是其他查询；下部是查询设计区，每列定义查询结果数据集中的一个字段，每一行分别是字段的属性和要求，即查询结果的字段、来源表或其他查询、排序、字段是否显示、查询条件的设置；中间的线是可以调节的分隔线。

表 3-1　　　　　　　　　　　　查询"设计网格"中各部分的作用

名　　称	作　　用
字段	放置查询需要的字段和用户自定义的计算字段
表	放置字段行字段所在的表或查询的名称
排序	定义字段的排序方式，有"升序""降序""不排序"3 种方式可供选择
显示	定义选择的字段是否在数据表视图中显示出来
条件	放置所指定的查询限制条件
或	放置逻辑上存在"或"关系的查询条件

3. SQL 视图

在 SQL 视图，用户通过编写 SQL 语句也能够满足查找数据的要求。图 3-3 所示即为查询住院医生护士的编码、姓名、性别和职称信息的 SQL 语句。Access 能将设计视图中的查询翻译成 SQL 语句。一般情况下，只需在设计视图中设计查询条件即可，Access 会在 SQL 视图中自动创建与查询对应的 SQL 语句。当然，用户也可以在 SQL 视图中查看、编写或修改 SQL 语句，从而改变查询的设计。

```
查询1
SELECT 住院医生护士信息表.用户编码, 住院医生护士信息表.用户姓名, 住院医生护士信息表.用户性别, 住院医生护士信息表.职称
FROM 住院医生护士信息表;
```

图 3-3 查询的 SQL 视图

4. 数据透视表视图和数据透视图视图

数据透视表视图是指用于汇总并分析表或查询中数据的视图，而数据透视图视图则是指以各种图形形式来显示表或查询中数据的分析和汇总的视图。在这两种视图中，可以动态地更改查询的版面，从而实现用各种不同的方法分析数据。

3.2 利用向导创建查询

利用查询向导创建查询比较简单，用户可以在向导的引导下选择一张或多张表、一个或多个字段，但不能设置查询条件。在 Access 2010 中，常用的查询向导有简单查询向导、交叉表查询向导、查找重复项查询向导和查找不匹配项查询向导这 4 种。

利用向导创建查询

3.2.1 简单查询向导

使用 Access 2010 提供的"简单查询向导"可以快速创建一个简单而实用的查询，且可以在一张或多张表（或查询）中指定检索字段中的数据。如果需要，也可以对记录组或全部记录进行总计、计数和求平均值的计算，以及计算字段中的最小值或最大值，但不能通过设置查询条件来限制检索的记录。

当用户只对住院医生护士的编码、姓名、性别、职称信息感兴趣时，可以利用查询向导把自己感兴趣的信息抽取出来。

【例 3.1】 利用查询向导查找并显示"住院医生护士信息表"中的"用户姓名"和"职称"两个字段，具体操作步骤如下。

① 打开"住院管理信息"数据库，在"创建"选项卡的"查询"组中单击"查询向导"按钮，弹出"新建查询"，如图 3-4 所示。

② 在"新建查询"对话框中选择"简单查询向导"选项，单击"确定"按钮，弹出"简单查询向导"的第一个对话框。

③　在"简单查询向导"的第一个对话框中单击"表/查询"下拉列表框右侧的下拉按钮，然后从弹出的下拉列表中选择"表：住院医生护士信息表"。这时"可用字段"列表框中会显示"住院医生护士信息表"中包含的所有字段，在其中分别双击"用户姓名"和"职称"这两个字段，把它们添加到"选定字段"列表框中，如图 3-5 所示。

图 3-4　"新建查询"对话框　　　　　图 3-5　确定查询的数据源和字段

④　确定所需字段后，单击"下一步"按钮，弹出"简单查询向导"的第二个对话框，在"请为查询指定标题"文本框中输入查询名称，也可以使用默认的"住院医生护士信息表查询"，这里把查询名称改为"例 3.1 住院医生护士信息表　查询"。如果要打开查询查看结果，则选中"打开查询查看信息"单选按钮；如果要修改查询设计，则选中"修改查询设计"单选按钮。这里选中"打开查询查看信息"单选按钮。

⑤　单击"完成"按钮，创建查询并将查询结果显示出来。

本实例比较简单，只是从一张表中检索需要的数据。如果用户要从多张表中检索数据，该怎么办呢？如果在检索数据的同时还要求将数据汇总,该怎么办呢?如果想知道每位住院病人的总费用，又怎么解决呢？这些问题都可以用查询向导创建查询来解决。

【例 3.2】　查询每位住院病人的总费用，要求显示"病人编码""病人姓名""总费用"3 个字段，具体操作步骤如下。

①　打开"住院管理信息"数据库，在"创建"选项卡的"查询"组中单击"查询向导"按钮，弹出"新建查询"对话框。

②　在"新建查询"对话框中，选择"简单查询向导"选项，弹出"简单查询向导"的第一个对话框。在该对话框中单击"表/查询"下拉列表框右侧的下拉按钮，然后从弹出的下拉列表中选择"表：住院病人信息表"，这时"可用字段"列表框中会显示"住院病人信息表"中包含的所有字段，在其中分别双击"病人编码""病人姓名"字段，然后在"表/查询"下拉列表中选择"表：住院费用信息表"，并在"可用字段"列表框中双击"金额"字段，将该字段也添加到"选定字段"列表框中。设置结果如图 3-6 所示。

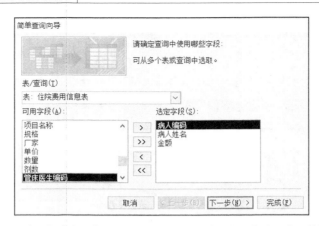

图 3-6　将“住院病人信息表”和“住院费用信息表”作为查询的数据源

③ 单击“下一步”按钮，弹出“简单查询向导”第二个对话框。在该对话框中，用户需要选择“明细（显示每个记录的每个字段）”或“汇总”两种查询类型。明细查询可以显示每个记录的每个字段；汇总查询可以计算字段的总值、平均值、最小值、最大值等。本例需要统计病人总费用，应该选择“汇总”。

④ 勾选“汇总”复选框后，单击“汇总选项”按钮，进一步设置汇总选项，如图 3-7 所示，单击“确定”按钮。

⑤ 返回上一级对话框，单击“下一步”按钮，将查询命名为“例 3.2 住院病人总费用查询”，单击“完成”按钮。此时，Access 就建立了查询并将查询结果显示出来，如图 3-8 所示。

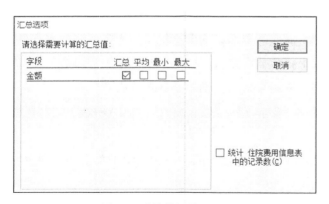

图 3-7　查询的汇总选项

例3.2 住院病人总费用查询

病人编码	病人姓名	金额 之 合
p00001	万庆伏	5,414.06
p00002	贾中华	10,699.04
p00003	于建家	9,546.67
p00004	蔡开美	6,705.85
p00005	蔡显光	8,839.41
p00006	蒋细月	20,106.92
p00007	钟俊德	4,774.53
p00008	魏从金	4,091.38
p00009	孟伯平	7,021.71
p00010	蔡仁中	13,484.19
p00011	金新华	5,791.27
p00012	武飞海	46,026.55
p00013	莫思高	29,628.17
p00014	孔平桂	3,619.73

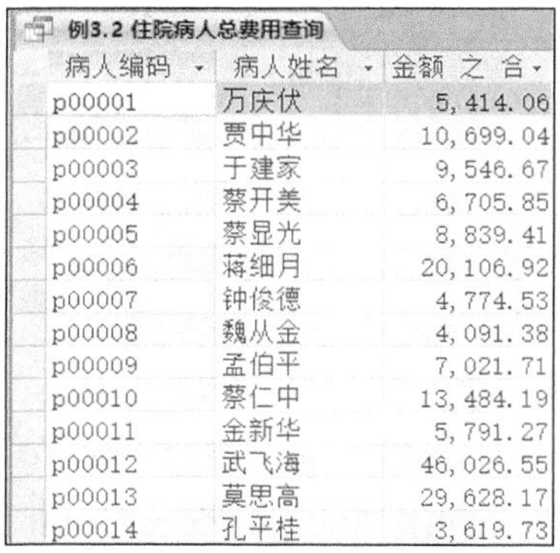

图 3-8　汇总查询的结果

此查询显示的字段中涉及了“住院病人信息表”和“住院费用信息表”两张表。由此可见，Access 的查询功能非常强大，它可以将多张表中的信息联系起来，并从中找出符合条件的记录。

通过“简单查询向导”创建查询简单且方便，更复杂的查询（如带条件的查询、查询结果的排序、复杂的计算等）就不能使用查询向导来完成了，必须使用查询的设计视图来实现。这类查询将在 3.4 节介绍。

3.2.2　交叉表查询向导

使用"交叉表查询向导"创建交叉表查询时，数据源只能来自一张表或一个查询结果。如果要包含多张表中的字段，就需要先创建一个含有全部所需字段的查询对象，再以该查询的结果作为数据源创建交叉表查询。

【例 3.3】　本例需要统计每个科室男女病人的人数。数据源是"住院病人信息表"，行标题为"科室编码"，列标题为"性别"，并对病人编码进行计数统计，具体操作步骤如下。

① 单击"创建"选项卡，在"查询"组中单击"查询向导"按钮，打开"新建查询"对话框。在该对话框中选择"交叉表查询向导"选项，然后单击"确定"按钮。

② 打开"交叉表查询向导"的第一个对话框。交叉表查询的数据源可以是表，也可以是查询，本例选择"住院病人信息表"。

③ 单击"下一步"按钮，打开"交叉表查询向导"的第二个对话框。在该对话框中，确定交叉表的行标题。行标题最多可以选择 3 个，为了在交叉表第一列的每一行显示科室，这里双击"可用字段"列表框中的"科室编码"字段。

④ 单击"下一步"按钮，打开"交叉表查询向导"的第三个对话框。在该对话框中，确定交叉表的列标题。列标题最多只能选择一个字段，为了在交叉表的每一列最上端显示性别，这里选择"性别"字段。

⑤ 单击"下一步"按钮，打开"交叉表查询向导"的第四个对话框。在该对话框中，确定交叉表的计算字段。为了使交叉表显示不同科室男女病人人数，这里选择"字段"列表框中的"病人编码"字段，然后在"函数"列表框中选择"Count"（计数）选项。若在交叉表的每行前面显示总计数，应勾选"是，包括各行小计"复选框。

⑥ 单击"下一步"按钮，打开"交叉表查询向导"的最后一个对话框。在该对话框中输入查询名称，选中"查看结果"单选按钮，单击"完成"按钮，便可以数据表视图显示查询结果，如图 3-9 所示。

科室编码	总计 病人编码	男	女
215	12	6	6
216	3	2	1
217	1	1	
218	2	2	
219	29	15	14
220	4		4
221	4	1	3
225	9	3	6
226	9	3	6
227	5		5
228	3	3	
229	11	6	5
230	4	2	2
236	16	10	6
377	3	3	
415	4	2	2
428	5	3	2
432	2	2	
433	1	1	
438	68	36	32

图 3-9　"交叉表查询向导"查询每个科室男女住院病人人数

3.2.3 查找重复项查询向导

如果需要在某张表或某个查询中查找具有重复字段值的记录，可以使用"查找重复项查询向导"来实现。

【例 3.4】 查找家庭住址相同的病人记录，具体操作步骤如下。

① 单击"创建"选项卡，在"查询"组中单击"查询向导"按钮，打开"新建查询"对话框。在该对话框中选择"查找重复项查询向导"选项，然后单击"确定"按钮。

② 选择查找重复项所在的表："住院病人信息表"，然后单击"下一步"按钮。

③ 因为需要查询有相同住址的病人，所以选择"家庭地址"到右侧列表框中，然后单击"下一步"按钮。

④ 因为需要查询哪些病人家庭住址相同，所以还需选择"病人姓名"作为除重复字段外需要显示的字段，然后单击"下一步"按钮。

图 3-10 "查找重复项查询向导"查询家庭地址相同的病人

⑤ 打开"查找重复项查询向导"对话框。在该对话框中输入查询名称，选中"查看结果"单选按钮，单击"完成"按钮，便可以数据表视图显示查询结果，如图 3-10 所示。

3.2.4 查找不匹配项查询向导

如果需要在表中查找与其他记录不相关的记录，可以利用"查找不匹配项查询向导"来实现。

【例 3.5】 查找没有开医嘱的住院病人记录。

分析："住院病人信息表"是所有病人的记录，而"医嘱信息表"中是所有已经开医嘱病人的信息，对两张表进行不匹配查询。其具体操作步骤如下。

① 单击"创建"选项卡，在"查询"组中单击"查询向导"按钮，打开"新建查询"对话框。在该对话框中选择"查找不匹配项查询向导"选项，然后单击"确定"按钮。

② 选择需要匹配的两张表："住院病人信息表""医嘱信息表"，然后单击"下一步"按钮。

③ 选择两张表中都有的字段"病人编码"，也就是选择匹配字段，然后单击"下一步"按钮。

④ 选择显示结果需要显示的字段"病人姓名"，然后单击"下一步"按钮。

⑤ 打开"查找不匹配项查询向导"对话框。在该对话框中输入查询名称，选中"查看结果"单选按钮，单击"完成"按钮，便可以数据表视图显示查询结果，如图 3-11 所示，显

示的记录为空，说明每个病人都已开医嘱。

"查找不匹配项查询向导"就是要找到在"住院病人信息表"中存在而"医嘱信息表"中不存在的病人编码记录，这些记录即是没有开医嘱的病人，其实就是对这两张表做求差运算。

图 3-11 "查找不匹配项查询向导"查询未开医嘱的住院病人

3.3 查 询 条 件

在实际的查询操作中，往往需要设置查询条件。例如，查找 1992 年出生的住院病人的记录，"1992 年出生的住院病人"就是一个条件，如何在 Access 2010 中表达该条件是读者了解和学习的关键。

查询条件

查询条件是指将常量、字段名、函数等运算对象用各种运算符连接起来的一个表达式，计算结果为逻辑值。在 Access 中，许多操作都要使用表达式，如创建表中字段的有效性规则、默认值、查询或筛选的准则、报表的计算控件，以及宏的条件等。因此，掌握查询条件的书写规则非常重要。

3.3.1 查询条件中使用的运算符

在 Access 的表达式中，使用的运算符包括算术运算符、关系运算符、逻辑运算符、字符运算符和特殊运算符。

1. 算术运算符

Access 中常用的算术运算符有+（加）、−（减）、*（乘）、/（除）、\（整除）、Mod（求余）和^（乘方）。这些运算符的运算规则和数学中的算术运算规则相同。其中，求余运算符 Mod 的作用是求两个数相除的余数，如 5 Mod 3 的结果为 2。"/"与"\"的运算含义不同，前者是进行除法运算，后者是进行除法运算后对结果取整，如 5/2 的结果为 2.5，而 5\2 的结果为 2。各种运算符运算的优先顺序也和数学中的算术运算规则完全相同，即乘方运算的优先级最高，接下来是乘、除，最后是加、减。同级运算按自左至右的顺序进行运算。

2. 关系运算符

关系运算符用于表示两个量之间的比较关系，其值是逻辑值。关系运算符包括>（大于）、<（小于）、>=（大于等于）、<=（小于等于）、=（等于）和<>（不等于）。运算结果是逻辑值 True、False。例如：25 > 36，其结果为 False；"adf">"adb"，其结果为 True。

3. 逻辑运算符

逻辑运算符可以将逻辑型数据连接起来，以表示更复杂的条件，其值仍是逻辑值。常用的逻辑运算符有 Not（逻辑非）、And（逻辑与）、Or（逻辑或）。这 3 种运算符及其含义如表 3-2 所示。

表 3-2　　　　　　　　　　　　　　逻辑运算符及其含义

逻辑运算符	含　　义	说　　明
Not	非	当 Not 连接的表达式为真时，整个表达式为假
And	与	当 And 连接的两个表达式均为真时，整个表达式为真，否则为假
Or	或	当 Or 连接的两个表达式均为假时，整个表达式为假，否则为真

如果需要查询在 1980 年 1 月 1 日至 1989 年 12 月 31 日之间出生的住院病人，则使用 ">=#1980-1-1# And <=#1989-12-31#"（日期常量应使用英文的 "#" 括起来）；如果需要查询五官科或者普外科的住院病人，则使用 "科室名称= "五官科" Or 科室名称="普外科""；如果需要查询所有女性住院病人，则使用 "Not 性别="男""。

4. 字符运算符

字符运算符可以将两个字符连接起来，得到一个新的字符。Access 中常用的字符运算符有 "+" 和 "&" 两个。"+" 运算符的功能是将两个字符连接起来形成一个新的字符，要求连接的两个量必须是字符。例如，"Access"+"数据库"的结果是"Access 数据库"。"&" 连接的两个量可以是字符、数值、日期/时间或逻辑型数据，当连接的量不是字符时，Access 先把它们转换成字符，再进行连接运算。例如，"Access"&"数据库"的结果也是字符"Access 数据库"，而 123 & 456 的结果则是"123456"。

5. 特殊运算符

Access 查询中常用的特殊运算符有 Between…And…、Like、In、Is Null 和 Is Not Null。

（1）Between…And… 运算符。Between…And… 运算符用于判断左侧表达式的值是否在指定值范围内，其基本语法格式为：<字段名> Between value1 And value2。如果在指定范围内，则结果为 True，否则为 False。例如，用 "出生日期 Between #1980-1-1# And #1989-12-31#"，则表示查询在 1980 年 1 月 1 日至 1989 年 12 月 31 日之间出生的所有住院病人。

（2）Like 运算符。Like 运算符用于判断左侧表达式的值是否符合右侧指定的模式。如果符合，则结果为 True，否则为 False。右侧所定义的模式中，可以指定完整值，也可以使用通配符查找值范围。表 3-3 所示列出了可以与 Like 运算符一起使用的通配符。

表 3-3　　　　　　　　　　　　可以与 Like 运算符一起使用的通配符

通　配　符	匹　配　内　容
?	任意单个字符
*	任意一个字符
#	任意一个数字（0~9）

Like 运算符的基本语法格式为：<字段名> Like 字符串。表 3-4 所示列出了使用 Like 运算符的查询条件示例。

表 3-4 　　　　　　　　　　使用 Like 运算符的查询条件示例

字　段	查　询　条　件	查　询　功　能
家庭住址	Like "*醴陵"	查询家庭住址中包含"醴陵"的记录
病人姓名	Like "？？"	查询名字为两个字的病人
病人姓名	Not Like "[李，张]"	查询不姓李和不姓张的病人

（3）In 运算符。In 运算符用于判断左侧表达式的值是否在右侧的各个值中。In 运算符的基本语法格式为：<字段名> [Not] In (value1, value2, …)。如果字段名的值等于指定列表内若干值中的任意一个，则返回结果为 True，否则返回结果为 False。表 3-5 所示列出了一些使用 In 运算符的查询条件示例。

表 3-5 　　　　　　　　　　使用 In 运算符的查询条件示例

字　段	查　询　条　件	查　询　功　能
家庭住址	In（"醴陵", "邵东"）	查询家庭住址是"醴陵"或"邵东"的病人
家庭住址	Not In（"醴陵", "邵东"）	查询家庭住址不是"醴陵"和"邵东"的病人

（4）Is Null 和 Is Not Null。Null 是数据库中经常使用的一个常量，表示空值。Is Null 用于确定一个值是否为空值，Is Not Null 用于确定一个值是否为非空值。空值是使用 Null 或空白来表示字段的值，空字符串（""）是用英文半角双引号括起来的字符串，且左右双引号内没有任何符号。在查询时，常常需要使用空值或空字符串作为查询的准则。Null 适用于所有类型的字段，而空字符串只适用于文本型字段。表 3-6 所示列出了一些使用空字段值和空字符串的查询条件示例。

表 3-6 　　　　　　　　　　使用空字段值和空字符串的查询条件示例

字　段	查　询　条　件	查　询　功　能
出生日期	Is Null	查询"出生日期"为空值的记录
出生日期	Is Not Null	查询"出生日期"不为空值的记录
家庭住址	=""	查询"家庭住址"为空字符串的记录

说明：在条件中，字段名必须用方括号括起来，而且数据类型应与字段定义的类型必须相匹配，否则会出现数据类型不匹配的错误。

3.3.2　在查询条件中使用函数

Access 提供了很多标准函数，利用它们可以更好地描述查询条件，使用户可以更加方便地完成统计计算、数据处理等工作。这些函数包括字符函数、日期/时间函数、统计函数等几大类。

1. 字符函数

对"姓名""家庭住址"等文本类型的字段可以使用字符函数构造查询准则。常用字符函数及其功能如表 3-7 所示，使用字符函数的查询条件示例如表 3-8 所示。

表 3-7   常用字符函数及其功能

字 符 函 数	功 能
Left(字符表达式,数值表达式)	返回从字符表达式左侧第一个字符开始，长度为数值表达式值的字符串
Right(字符表达式,数值表达式)	返回从字符表达式右侧第一个字符开始，长度为数值表达式值的字符串
Len(字符表达式)	返回字符表达式的字符个数
Mid(字符表达式,数值表达式 1, [数值表达式 2])	返回以从字符表达式中数值表达式 1 的值开始为初始位置，长度为数值表达式 2 值的字符串。数值表达式 2 可以省略，若省略则表示从数值表达式 1 的值开始，直到最后一个字符为止

表 3-8   使用字符函数的查询条件示例

字 段	查 询 条 件	查 询 功 能
姓名	Len([姓名])=2	查询姓名为两个字的病人记录
姓名	Left([姓名],1)="张"	查询姓张的病人
姓名	Right([姓名],1)="中"	查询姓名最后一个字符是"中"的病人记录
姓名	Mid([姓名],2,1)= "平"	查询姓名第二个字符是"平"的病人记录

2. 日期/时间函数

对"出生日期"等日期/时间类型的字段可以使用日期/时间函数构造查询准则。常用日期/时间函数及其功能如表 3-9 所示，使用日期/时间函数的查询条件示例如表 3-10 所示。

表 3-9   常用日期/时间函数及其功能

日期/时间函数	功 能
Day(date)	返回给定日期 1～31 的值，表示给定日期是一个月中的哪一天
Month(date)	返回给定日期 1～12 的值，表示给定日期是一年中的哪个月
Year(date)	返回给定日期 100～9 999 的值，表示给定日期是哪一年
Weekday(date)	返回给定日期 1～7 的值，表示给定日期是一周中的哪一天
Hour(date)	返回给定小时 0～23 的值，表示给定时间是一天中的哪一小时
Date()	返回当前的系统日期

表 3-10   常用日期/时间函数的查询条件示例

字 段	查 询 条 件	查 询 功 能
出生日期	Year([出生日期])=1995	查询 1995 年出生的病人的记录
出生日期	Month([出生日期])=10 And Day([出生日期])=1	查询 10 月 1 日出生的病人的记录
出生日期	Between #1980-1-1# And #1980-12-31#	查询 1980 年出生的病人的记录
出生日期	Year(date())−Year([出生日期])<4	查询近 4 年出生的病人的记录

3. 统计函数

对住院费用等数值类型的字段可以使用统计函数构造查询条件，常用统计函数及其功能如表 3-11 所示。

表 3-11　　　　　　　　　　　　　　　常用统计函数及其功能

统 计 函 数	功　　能
Sum(表达式)	返回表达式中值的总和。表达式可以是一个字段名或包含字段名的表达式
Avg(表达式)	返回表达式中值的平均值。表达式可以是一个字段名或包含字段名的表达式
Count(表达式)	返回表达式中值的计数值
Max(表达式)	返回表达式中值的最大值。表达式可以是一个字段名或包含字段名的表达式
Min(表达式)	返回表达式中值的最小值。表达式可以是一个字段名或包含字段名的表达式

介绍到这里，有必要介绍表达式。在对表进行查询时，常常需要限制各种条件，即对满足条件的记录进行操作，此时就要综合运用 Access 各种数据对象的表示方法，写出条件表达式。表达式是将常量、字段名、函数等运算对象用运算符连接起来的式子，计算结果为一个逻辑值。例如 Sum([金额])>=5000、Year([出生日期])=1995 等都是表达式，每个表达式的计算结果均为逻辑值。表、查询、窗体、报表和宏等都具有接受表达式的属性。例如，在进行表的属性设置时，"默认值"属性和"有效性规则"属性中都已经使用过表达式。在下面介绍的内容中，创建查询时经常使用表达式。此外，在为事件过程或模块编写 VBA（Microsoft Visual Basic for Applications）代码时，使用的表达式通常与在 Access 对象（如表或查询）中使用的表达式类似。

3.4　选　择　查　询

根据指定条件，从一个或多个数据源中获取数据的查询称为选择查询。创建选择查询有两种方法：使用查询向导或设计视图。查询向导能够有效地指导用户顺利创建查询，用户只需根据查询要求在创建过程中进行适当的选择即可。设计视图既可以完成新建查询设计，也可以修改已有的查询；此外，还可以进行各种统计计算，以及根据输入的查询条件值检索记录。3.2.1 小节已经介绍了使用查询向导创建选择查询的方法，本节主要介绍如何在设计视图中创建查询。

3.4.1　在设计视图中创建查询

使用查询设计视图是建立和修改查询最主要的方法。在设计视图中由用户自主设计查询，比采用查询向导创建查询更加灵活。在查询设计视图中，既可以创建不带条件的查询，也可以创建带条件的查询，还可以对已创建查询进行修改。

1. 创建不带条件的查询

创建不带条件的查询只需要确定查询的数据源，并将查询字段添加到设计视图窗口中，但不需要设置查询条件。

在设计视图中
创建查询

【例 3.6】 查询每位病人的住院情况，需要了解每位病人的住院医生及所在科室，并显示"病人编码""病人姓名""用户姓名""科室名称"等字段信息，所建查询名称为"例3.6病人的住院医生和所在科室情况"。具体操作步骤如下。

分析：需要显示的信息分别来自"住院病人信息表""住院医生护士信息表""住院科室信息表"，所以创建查询时数据源需要这 3 张表，而且 3 张表间应已建立关系。若未建立关系，则多表查询时会出现多条重复记录的混乱情况。如果表与表间已经建立关系，那么这些关系将被自动应用到查询设计视图中。在查询设计视图中创建关系的方法，第 2 章已进行过介绍。

① 在 Access 中单击"创建"选项卡，单击"查询"组中的"查询设计"按钮，打开查询设计视图，并显示了一个"显示表"对话框，如图 3-12 所示。

② 选择数据源。双击"住院科室信息表"，将"住院科室信息表"添加到查询设计视图上半部分的"字段列表"区中。同样地，分别双击"住院病人信息表"和"住院医生护士信息表"两张表，将它们添加到查询设计视图的"字段列表"区中，如图 3-13 所示。单击"关闭"按钮，关闭"显示表"对话框。

图 3-12 "显示表"对话框

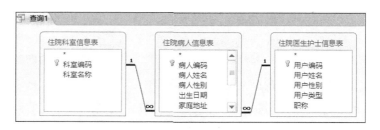

图 3-13 添加查询数据源

③ 选择字段。单击设计网格中"表"所在行，选择需要显示字段所在的表，然后在"字段"行右侧单击下拉按钮，并从下拉列表中选择所需字段，如图 3-14 所示。

从图 3-14 可以看到，在"设计网格"的"显示"行中每列都有一个复选框，它用来确定其对应的字段是否在查询结果中显示，勾选复选框表示显示这个字段。按照本例查询要求和显示要求，所有字段都需要显示出来，因此，4 个字段对应的复选框全部勾选。如果其中有些字段仅作为条件使用，而不需要在查询结果中显示，则应取消对应的复选框。

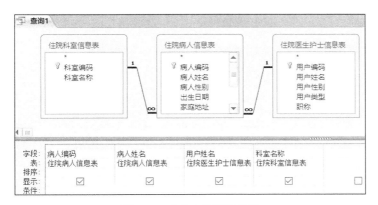

图 3-14 确定查询所需字段

④ 保存查询。单击快速访问工具栏中的"保存"按钮，在打开的"另存为"对话框的"查询名称"文本框中，输入"例 3.6 病人的住院医生和所在科室情况"，然后单击"确定"按钮。

⑤ 查看查询结果。单击"设计"选项卡中"结果"组中的"运行"按钮，切换到数据表视图。此时可以看到"例 3.6 病人的住院医生和所在科室情况"查询的运行结果。

2. 创建带条件的查询

在实际的查询中，经常需要查询满足某个条件的记录。创建带条件的查询需要设置查询条件来实现。查询条件是关系表达式，其运算结果是一个逻辑值。查询条件应通过查询定义窗口中的"条件"选项来设置，即在相应字段的"条件"文本框中输入条件表达式。

【例 3.7】 查找 1980 年至 1989 年出生的男病人，并显示"病人姓名""病人性别""家庭地址"，具体操作步骤如下。

① 打开查询设计视图，将"住院病人信息表"添加到设计视图上半部分的窗口中。

② 添加查询字段。查询结果没有要求显示"出生日期"字段，但由于查询条件需要使用该字段，因此在确定查询所需字段时应选择该字段。另外，还应分别选择"病人姓名""病人性别""家庭地址"等字段。

③ 设置不显示字段。按照本例要求，不需要显示"出生日期"字段，因此，需要取消勾选"出生日期"字段列"显示"行上的复选框。

④ 输入查询条件。在"病人性别"字段列的"条件"行中输入""男""，在"出生日期"字段列的"条件"行中输入"Between #1980/1/1# And #1989/12/31#"，设置的查询条件如图 3-15 所示。

说明：设置条件时，如果在"条件"行中同行输入多个条件，则条件之间是"与"的关系；如果输入在不同行，则表示条件之间是"或"的关系。

⑤ 保存查询。保存所建查询，将其命名为"例 3.7 查询 80 年代出生的男病人"。

⑥ 切换到数据表视图，查询结果如图 3-16 所示。

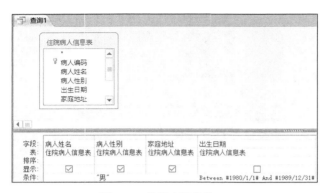

图 3-15　设置查询条件　　　　　图 3-16　"80 年代出生的男病人"查询结果

【例 3.8】　查找 1990 年以后出生的女病人和 1960 年以前出生的男病人，显示"病人姓名""病人性别""出生日期"。具体操作步骤不再详述，设置的查询条件如图 3-17 所示。

说明：本例的两个查询条件是"或"关系，因此，两个条件输入在不同行中。

3. 创建要求用户输入条件值的查询

前面所创建的查询，其条件都是固定的。如果希望根据某个或某些字段不同的值来查找记录，就需要不断地在设计视图中更改条件，这显然很麻烦。为了扩展查询的灵活性，可以创建要求用户输入条件值的查询，称为参数查

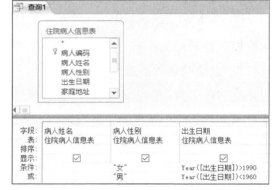

图 3-17　设置查询条件

询。在这种查询方式中，用户以交互方式输入一个或多个条件值。

【例 3.9】　创建一个参数查询，要求按照病人姓名查询某病人的住院主治医生及所在科室，并显示"病人编码""病人姓名""用户姓名""科室名称"等字段信息。

分析：本例显示结果中的 4 个字段，在例 3.6 中已经添加；该查询的数据源可以利用已建的查询"例 3.6 病人的住院医生和所在科室情况"。具体操作步骤如下。

① 打开查询设计视图，将查询"例 3.6 病人的住院医生和所在科室情况"添加到设计视图上半部分的窗口中。将"病人编码""病人姓名""用户姓名""科室名称"4 个字段添加到"字段"行的第一列至第四列。在"病人姓名"字段的"条件"行中输入"[请输入病人姓名：]"，方括号中的内容即为查询运行时出现在"输入参数值"对话框中的提示文本。设置的查询条件如图 3-18 所示。

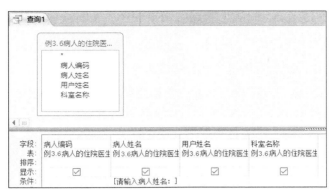

图 3-18　输入一个条件值的参数查询设计

② 保存查询，并将其命名为"例 3.9 病人的住院主治医生和所在科室的参数查询"。

③ 单击"结果"组中的"运行"按钮，弹出"输入参数值"对话框，在"请输入病人姓名："文本框中输入"孟伯平"，如图 3-19 所示。该对话框中的提示文本正是在查询字段的"条件"行中输入的内容。按照需要输入查询条件值，如果条件值有效，则显示所有满足条件的记录；否则不显示任何结果。

④ 单击"确定"按钮，即可看到所建参数查询的查询结果，如图 3-20 所示。

图 3-19　运行查询时输入参数值

图 3-20　参数查询的查询结果

如果用户需要设置多个条件值，可以在作为参数的多个字段对应的"条件"行中输入多个参数条件表达式。

【例 3.10】　创建一个参数查询，要求能查询某科室某医生诊治的所有病人，并显示"病人姓名"，具体操作步骤如下。

① 打开查询设计视图，并将已建查询"例 3.6 病人的住院医生和所在科室情况"添加到设计视图上半部分的窗口中。

② 将需要用到的"科室名称""用户姓名""病人姓名"这 3 个字段添加到"字段"的第一列至第三列。在"科室名称"字段的"条件"行中输入"[请输入科室名称：]"，在"用户姓名"字段的"条件"行中输入"[请输入医生姓名：]"。

③ 由于第一列"科室名称"字段和第二列"用户姓名"字段只作为参数输入，并不需要显示，因此取消勾选该两列"显示"行中的复选框。设计结果如图 3-21 所示。

图 3-21　输入多个条件值的参数查询设计

④ 单击"结果"组中的"运行"按钮，弹出"输入参数值"对话框，在"请输入科室名称："文本框中输入"血透室"，如图 3-22 所示。单击"确定"按钮后，弹出第二个"输入参数值"对话框，在"请输入医生姓名："文本框中输入"昌文婷"，如图 3-23 所示。

⑤ 单击"确定"按钮后，可以看到部分查询结果如图 3-24 所示。

图 3-22　输入第一个参数　　　　图 3-23　输入第二个参数　　　图 3-24　部分查询结果

3.4.2　使用查询进行统计计算

在实际应用中，常常需要对查询结果进行复杂的分组汇总，或进行合计、计数、求最大值/最小值/平均值等计算。Access 允许在查询中利用设计网格中的"总计"行进行各种统计，可创建计算字段进行任意类型的计算。Access 查询中有两种基本计算：预定义计算和自定义计算。

使用查询进行统计计算

1. 预定义计算

预定义计算，即"总计"计算。它用于对查询中的部分记录或全部记录进行求总和、平均值、计数、最小值、最大值、标准偏差或方差等数值计算，也可根据查询需求选择相应的分组、第一条记录、最后一条记录、表达式、条件等。"总计"行的打开方式为：在"查询工具-设计"选项卡的"显示/隐藏"组中单击"汇总"按钮，就会在设计网格中增加"总计"行。

【例 3.11】　统计各个科室住院人数，查询结果按住院人数降序排列。

分析：此查询需要按照每个科室分组，然后统计每个科室的病人总数。创建查询的具体操作步骤如下。

① 打开"住院管理信息"数据库，新建一个查询，打开其设计视图，添加数据源，即"住院病人信息表"和"住院科室信息表"，并确定这两张表已建立关系。

② 添加"科室名称"和"病人编码"字段到设计网格中。

③ 切换到"查询工具-设计"选项卡，单击"汇总"按钮，设计网格中将会添加"总计"

行，然后选择相应的总计方式：在"科室名称"字段所在列的"总计"行中选择"Group By"（分组），在"病人编码"所在列的"总计"行中选择"计数"。设计结果如图 3-25 所示。

④ "病人编码"列的排序方式选择"降序"，如图 3-25 所示。

⑤ 运行查询，结果如图 3-26 所示。

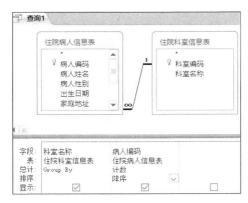

图 3-25　每个科室住院人数的查询设计　　　　图 3-26　各科室住院人数的查询结果

⑥ 保存查询即可。

说明："总计"行中各种计算项的含义如下。

① Group By（分组）：定义要执行计算的组，将记录与指定字段中的相等值组合成单一记录。

② Expression（表达式）：创建表达式中包含汇总函数的计算字段，通常在表达式中使用多个函数时，将创建计算字段。

③ Where（条件）：指定不用于分组的字段准则。

④ First（第一条记录）：求查询结果中第一条记录的字段值。

⑤ Last（最后一条记录）：求查询结果中最后一条记录的字段值。

⑥ Count（计数）：返回无空值的记录总数。

此外，还有合计、平均值等的一系列计算项：合计（Sum）、平均值（Avg）、最小值（Min）、最大值（Max）、标准偏差（StDev）等。

【例 3.12】　创建查询显示住院总费用排名前 5 的病人，查询结果中显示"病人编码""病人姓名""金额之合计"。查询结果如图 3-27 所示。

分析：按住院总费用由高到低排序，挑出前 5 条记录即可。此查询的设计视图如图 3-28 所示。数据源需要"住院病人信息表""住院费用信息表"两张表，查询条件是按照"病人编码"分组，"金额"需要合计，按照"金额之合计"降序排序，然后在"查询设置"组中设置上限值为 5 ![返回: 5] 。

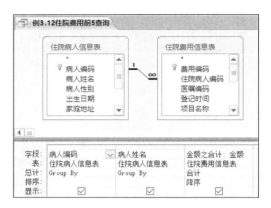

图 3-27 住院总费用排名前 5 的病人　　　　图 3-28 住院总费用排名前 5 病人的查询设计

说明：例 3.2 中已经求出所有住院病人的总费用，把该查询作为数据源，并按总费用进行降序排列，在"查询设置"组中设置上限值为 5，也可实现该查询。

【例 3.13】 统计 1948 年出生的病人总数。

分析：此查询的条件是"出生日期"为 1948 年，可以用 Year()函数判断，也可以用 Between…And…运算符。由于"出生日期"只作为条件，并不参与计算或分组，因此在"出生日期"的"总计"行中选择"Where"。Access 规定，"Where"总计项指定的字段不需要出现在查询结果中，因此统计结果只显示统计人数。

该查询的设置条件如图 3-29 所示。保存该查询，并将其命名为"例 3.13 统计 1948 年出生的人数"，查询结果如图 3-30 所示。

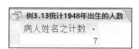

图 3-29 设置查询条件　　　　　　图 3-30 带条件的查询结果

2. 自定义计算

在 Access 查询中，预定义计算可以对单个字段进行各种汇总计算，但如果需要统计的数据在表中没有相应的字段，或者用于计算的数据值来源于多个字段，应在查询中使用自定义计算，也称为计算字段。计算字段是指根据一个或多个字段使用表达式建立的新字段（查询中的显示字段）。创建计算字段是在查询设计视图的"字段"行中直接输入计算表达式来实现的。

【例 3.14】 创建查询计算每位病人的年龄，查询结果中显示"病人编码""病人姓名""年龄"，其中"年龄"为计算字段。

分析："住院病人信息表"中只有"出生日期"字段，没有"年龄"字段，应当使用自定义计算来查询年龄，只要在设计网格中的"字段"行中输入"年龄:Year(Date())–Year([出生日期])"即可，如图 3-31 所示。

图 3-31　计算年龄的查询设计

说明：从该实例的显示结果中得到启发，在进行统计计算时，默认显示的字段标题往往不太直观。例如，例 3.12 中，其查询结果显示为"金额之合计"；例 3.13 中，其查询结果中统计字段标题显示为"病人姓名之计数"等，都不符合习惯的表达方法。此时，可以用"标题名:<表达式>"定义一个新的标题，使显示结果清晰明了。在本例中就是用此方法："年龄:Year(Date())–Year([出生日期])"。

自定义的字段可以在"字段"行中输入计算公式，也可以用"表达式生成器"输入。在设计网格中，选中需要设置的字段"条件"行，单击鼠标右键，从弹出的快捷菜单中执行"生成器"命令，即可打开"表达式生成器"对话框，如图 3-32 所示。

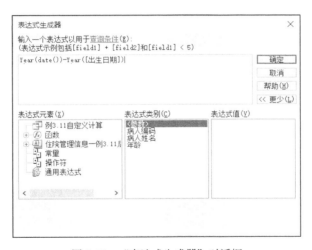

图 3-32　"表达式生成器"对话框

3.5　交叉表查询

交叉表查询是一种常用的统计表格，它显示来自表中某个字段的计算值（包括总计、计数、求平均值或其他类型的计算值）。该种查询最终以分组形式呈现：一组为行标题，显示在数据表左侧，另一组为列标题，显示在数据表的顶端，而在表格行和列的交叉处会显示表中某个字段的各种计算结果。

交叉表查询

创建交叉表查询可以使用"交叉表查询向导"，也可以使用查询设计视图。在 3.2.2 小节已介绍过使用"交叉表查询向导"创建交叉表查询各科室男女病人人数的实例，下面介绍用设计视图创建该查询的方法。

创建交叉表查询的关键是，要在"查询工具-设计"选项卡中的"查询类型"组中单击"交叉表查询"按钮，在设计视图的设计网格中就会出现"总计"和"交叉表"两行。根据具体情况设置分类字段和总计字段，该实例的分类字段是"科室名称"和"病人性别"，总计字段是"病人编码"，总计方式是"计数"；最后设置查询的显示格式。该实例中"科室名称"为行字段，显示在查询结果的左侧；"病人性别"为列字段，显示在查询结果的顶端；"病人编码"为值，显示在行、列交叉处。查询的设计和结果如图 3-33 所示。

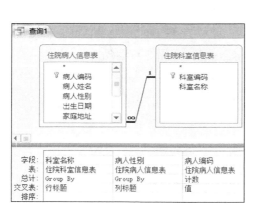

图 3-33　交叉表查询的设计及查询结果

思考：如果需要分类的字段有多个也可以实现，因为交叉表查询可以设置多个行标题。有兴趣的读者可以为该实例再添加一个行标题"医生编码"，看看查询结果是怎样的。

3.6　操 作 查 询

在数据库实际应用中，经常需要大量地修改数据。例如在"住院管理信息"数据库中，当病人出院时，需要把已出院病人追加到"已出院病人信息表"中，并且将这些信息从"住院病人信息表"中删除。这些操作既需要检索记录，也需要更新记录。根据功能的不同，操作查询可分为生成表查询、追加查询、更新查询和删除查询。

操作查询的运行与选择查询、交叉表查询的运行有很大不同。选择查询、交叉表查询的运行结果是从数据源中生成的动态记录集合，并没有进行物理存储，也没有修改数据源中的记录，用户可以直接在数据表视图中查看查询结果。而操作查询的运行结果是对数据源进行创建或更新，无法直接在数据表视图中查看其运行的结果，只能打开操作的表对象浏览。由于操作查询可能对数据源中的数据进行大量的修改或删除，因此为了避免误运行操作查询带来的损失，在查询对象窗口中每个操作查询图标上都有一个感叹号，以提醒用户注意。

3.6.1　备份数据

操作查询会更改或删除表中的数据，所以在创建或运行这类查询前，需要先对要操作的表进行备份。备份时，先选中要备份的表进行复制，再进行粘贴，在图 3-34 所示的对话框中选中"结构和数据"单选按钮即可。

图 3-34　"粘贴表方式"对话框

3.6.2　生成表查询

生成表查询会利用一张或多张表中的全部或部分数据创建新表。创建生成表查询时，关键是要在查询设计视图中设计好将要生成表的字段和条件。

【例 3.15】　将主任医师的信息生成一张独立的数据表，表中包含"用户编码"和"用户姓名"。创建该查询的具体操作步骤如下。

① 创建"住院医生护士信息表"的副本。

② 打开查询设计视图，将"住院医生护士信息表 的副本"添加到查询设计视图上半部分的窗口中。

③ 在查询设计视图中，将"用户编码""用户姓名""职称"3 个字段添加到设计网格的"字段"行中。

④ 在"职称"字段列的"条件"行中输入""主任医师""，并取消"职称"字段的显示，如图 3-35 所示。

图 3-35　生成表查询的设计

⑤ 在"查询类型"组中单击"生成表"按钮，弹出"生成表"对话框，将要生成的表命名为"主任医师信息表"。

⑥ 运行查询时，由于查询的结果要生成一个新的数据表，因此会出现一个提示对话框，提示用户是否将要向新创建的表中粘贴记录，单击"是"按钮，即可生成"主任医师信息表"。

3.6.3　追加查询

如果需要把副主任医师也添加到新生成的"主任医师信息表"中，就可以利用追加查询来实现。追加查询可以将查询的结果追加到其他表（可以有数据，也可以是空白表）中，对追加的数据用查询条件加以限制。

【例 3.16】 创建一个追加查询，将副主任医师追加到例 3.15 已经建立的"主任医师信息表"中。创建查询的具体操作步骤如下。

① 打开查询设计视图，将"住院医生护士信息表 的副本"添加到查询设计视图上半部分的窗口中。

② 在"查询类型"组中单击"追加"按钮，打开"追加"对话框，提示用户选择将查询结果追加到哪张表中。这里，在"表名称"下拉列表框中选择"主任医师信息表"，如图 3-36 所示。

③ 这时，在设计网格中增加了"追加到"行。由于查询的字段与目标表字段完全相同，所以"追加到"行自动填充了"用户编码""用户姓名""职称"3 个字段，只需在"职称"字段列的"条件"行中输入"副主任医师"即可，如图 3-37 所示。

图 3-36 "追加"对话框

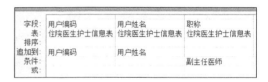

图 3-37 追加查询的设计

④ 运行查询，即可实现将副主任医师的记录追加到"主任医师信息表"中。

3.6.4 更新查询

在对数据库进行数据维护时，经常需要成批更新数据。例如，将某药品的价格上调 5%。对于此类操作，如果逐条记录修改，不但费时费力，而且容易造成疏漏。更新查询是实现此类操作最简单、最有效的方法，它能对一张或多张表中的一组记录的某字段值进行全部更新。更新查询与 Word 中的"替换"功能相似，但其功能更为强大。与"替换"功能相似的是，更新查询允许指定要替换的值和指定要用作替代内容的值。与"替换"功能不同的是，更新查询允许设置与替换的值无关的条件，一次可以更新一张或多张表中的大量数据。

【例 3.17】 创建一个更新查询，将"住院医生护士信息表 的副本"中所有"医师"改成"医生"。创建查询的具体操作步骤如下。

① 打开查询设计视图，将"住院医生护士信息表 的副本"添加为数据源，添加"职称"到查询的设计网格中。

② 在"查询类型"组中单击"更新"按钮，此时设计网格中增加了"更新到"行。在"职称"列的"更新到"行中输入""主任医生""，"条件"行中输入""主任医师""，如

图 3-38 所示。

③ 单击"运行"按钮，由于查询的结果要修改原数据表中的数据，因此会出现一个提示对话框，提示用户是否将要更新记录。单击"是"按钮，将执行更新查询。查询更新后，打开"住院医生护士信息表 的副本"，就可以看到更新后的职称字段。

说明：按照同样的操作步骤，将"副主任医师"更新为"副主任医生"，将"主治医师"更新为"主治医生"，将"副主治医师"更新为"副主治医生"，将"医师"更新为"医生"。

图 3-38 更新查询的设计

3.6.5 删除查询

在例 3.15 和例 3.16 中已经将主任医生和副主任医生的记录存储到一张新表中。为了减少数据冗余、确保数据的唯一性，还应将"住院医生护士信息表 的副本"中相应的记录删除。另外，随着时间的推移，表中的数据会越来越多，其中有些数据无任何用途，这样的数据也应及时从表中删除。

1. 删除查询的含义

删除查询能够从一张或多张表中删除指定的记录。如果删除的记录来自多张表，则必须满足以下几点要求。

（1）在"关系"窗口中已经定义相关表之间的关系。

（2）在"编辑关系"对话框中勾选"实施参照完整性"复选框。

（3）在"编辑关系"对话框中勾选"级联删除相关记录"复选框。

2. 创建删除查询

【例 3.18】 创建一个删除查询，删除"住院医生护士信息表 的副本"中所有的主任医生和副主任医生记录。创建查询的具体操作步骤如下。

① 打开查询设计视图，将"住院医生护士信息表 的副本"添加到查询设计视图上半部分的窗口中。

② 单击"查询类型"组中的"删除"按钮，查询设计网格中显示了"删除"行。

③ 单击"住院医生护士信息表 的副本"字段列表中的"*"，同时在字段"删除"行中选择"From"，表示从何处删除记录。将"职称"添加到"字段"行的第 2 列，同时在该字段的"删除"行中选择"Where"，表示要删除的条件，在该字段的"条件"行和"或"行中分别输入""主任医生""和""副主任医生""。设置的删除查询条件如图 3-39 所示。

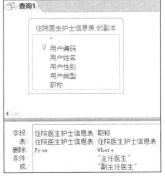

图 3-39 设置的删除查询条件

④ 在设计视图中单击"运行"按钮，弹出一个删除提示对话框，如图 3-40 所示。单击"是"按钮，将删除符合条件的所有记录；单击"否"按钮，将不删除记录。这里单击"否"按钮。如果单击"是"按钮，将破坏住院病人信息表与其他表之间的参照关系。由于这里使用的是"住院病人信息表 的副本"，因此不会破坏参照关系。

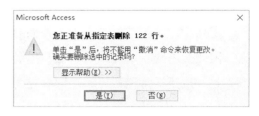

图 3-40　删除提示对话框

⑤ 打开"住院医生护士信息表 的副本"，"主任医生"和"副主任医生"已经成功删除。

3.7　SQL 查询

在 Access 数据库中，查询对象本质上是用 SQL 编写的语句来实现的。当使用查询设计视图可视化的方式创建一个查询对象后，Access 便自动把它转换成相应的 SQL 语句保存起来。运行一个查询对象实质上就是执行该查询中的 SQL 语句。

3.7.1　SQL 语句简介

1. SQL 的含义

结构化查询语言（Structured Query Language，SQL）是一种功能齐全的数据库语言。最早的 SQL 标准是 1986 年由美国国家标准学会（American National Standards Institute，ANSI）制定的，随后，国际标准化组织（International Standards Institute，ISO）于 1987 年 6 月正式将其确定为国际标准，并在此基础上进行了补充。ISO 于 1992 年又公布了 SQL 新标准，从而确定了 SQL 在数据库领域中的核心地位。SQL 的主要特点可以概括为以下几方面。

（1）SQL 是一种一体化的语言，它包括数据定义、数据查询、数据操纵和数据控制等功能。

（2）SQL 是一种高度非过程化的语言，它只需要描述"做什么"，而不需要说明"怎么做"。

（3）SQL 是一种非常简单的语言，它所使用的语句很接近自然语言，易于学习和掌握。

（4）SQL 是一种共享语言，它全面支持客户端/服务器模式。

SQL 设计巧妙、语言简单，其完成数据定义、数据查询、数据操纵和数据控制的核心功能只有 9 个动词，如表 3-12 所示。

表 3-12	SQL 语句的 9 个动词
SQL 功能	**动　　词**
数据定义	CREATE、DROP、ALTER
数据操纵	INSERT、UPDATE、DELETE
数据查询	SELECT
数据控制	GRANT、REVOTE

目前很多数据库应用开发工具都将 SQL 直接融入自身语言中，Access 也不例外。根据实际应用需要，后面几节将主要介绍数据查询、数据定义和数据操纵等基本语句。

2. SQL 查询的类型及创建方法

SQL 查询包括基本查询、多表查询、联合查询、数据定义和数据操纵。

联合查询可以将两张或多张表（或查询）中的字段合并到查询结果的一个字段中。联合查询还可以合并两张表中的数据，并可以根据联合查询创建生成表查询，以生成一张新表。

数据定义可以创建、删除或更改表，也可以在数据库表中创建索引。在数据定义中要输入 SQL 语句，每个数据定义只能由一个数据定义语句组成。

创建 SQL 查询的操作步骤如下。

① 打开需要创建 SQL 查询的数据库，单击"创建"选项卡，在"查询"组中单击"查询设计"按钮，打开查询设计视图窗口，在"显示表"对话框中单击"关闭"按钮，不添加任何表或查询，进入空白的查询设计视图。

② 在"查询工具-设计"选项卡的"结果"组中单击"视图"按钮，在下拉列表中执行"SQL 视图"命令，进入 SQL 视图并输入 SQL 语句。也可以在"查询工具-设计"选项卡的"查询类型"组中单击"联合"按钮、"传递"按钮或"数据定义"按钮，打开相应的特定查询窗口，在窗口中输入合适的 SQL 语句。

③ 保存创建的查询，并运行查询。

3.7.2　SQL 数据查询

SQL 数据查询通过 SELECT 语句实现。SELECT 语句中包含的子句很多，其语法格式如下。

```
SELECT [ALL|DISTINCT|TOP n] <目标列表达式 1> [, <目标列表达式 2>…]
FROM <表名 1> [, <表名 2>…]
[WHERE <条件>]
[GROUP BY <分组选项 1>][,<分组选项 2>…]][HAVING <分组条件>]
[UNION [ALL] SELECT 语句]
[ORDER BY <排序选项 1> [ASC|DESC] [,<排序选项 2>] [ASC|DESC] …]
```

以上语法格式中"<>"中的内容是必选的，"[]"中的内容是可选的，"|"表示多个选

项中只能选择其中之一。为了更好地理解 SELECT 语句的含义，下面按照先简单后复杂、逐步细化的原则介绍 SELECT 语句的用法。

1. 基本查询

SELECT 语句的基本框架是 SELECT…FROM…WHERE，各子句分别指定输出字段、数据来源和查询条件。WHERE 子句是可选项，但 SELECT 子句和 FROM 子句是必选项。

（1）简单的查询语句

简单的 SELECT 语句只包含 SELECT 子句和 FROM 子句。

【例 3.19】 查询所有住院病人的信息。SQL 语句实现如下。

```
SELECT * FORM 住院病人信息表
```

【例 3.20】 查询前 5 位病人的姓名和年龄。SQL 语句实现如下。

```
SELECT TOP 5 病人姓名,Year(Date())-Year([出生日期]) AS 年龄
FROM 住院病人信息表
```

上述 SELECT 语句中的选项，可以是字段名，也可以是表达式，还可以是函数，常用来计算 SELECT 语句查询结果集的统计值。例如，求一个结果集的平均值、最大值、最小值或全部元素之和等，这些函数称为统计函数。表 3-13 列出了 SELECT 语句中常用的统计函数，其中除 Count(*)函数外，其他函数在计算过程中均忽略"空值"。

表 3-13 　　　　　　　　　　　SELECT 语句中常用的统计函数

函　　数	功　　能	函　　数	功　　能
Avg(<字段名>)	求该字段的平均值	Min(<字段名>)	求该字段的最小值
Sum(<字段名>)	求该字段的和	Count(<字段名>)	统计该字段值的个数
Max(<字段名>)	求该字段的最大值	Count(*)	统计记录个数

【例 3.21】 统计住院病人的总人数。SQL 语句实现如下。

```
SELECT Count(*) AS 总人数 FROM 住院病人信息表
```

该语句使用 Count(*)函数求住院病人信息表中所有记录的个数，也就求出了住院病人的总人数。

（2）带条件的查询语句

WHERE 子句用于指定查询条件，其语法格式为：WHERE <条件表达式>。其中的"条件表达式"是指查询的结果集合应满足的条件，如果某条记录使条件为真，在查询结果中就包括该条记录；如果某条记录使条件为假，在查询结果中就不包括该条记录。

【例 3.22】 查询年龄在 60 岁以上的病人。SQL 语句实现如下。

```
SELECT * FROM 住院病人信息表
WHERE Year(Date())-Year([出生日期])>=60
```

该语句的执行过程是：从"住院病人信息表"中取出一条记录，测试该记录中病人的年龄是否大于 60；如果大于，就取出该记录的全部字段值，即在查询结果中输出该记录；否则

跳过该记录。

在 3.3 节中已经介绍过条件表达式中几个特殊运算符的使用方法，如 Between A And B、In、Like、Is Null 等。这类条件运算的基本使用要点是：左边是一个字段名，右边是一个特殊的条件运算符，执行语句判断字段值是否满足条件。使用 SQL 语句实现查询时，也经常会用到这几个特殊运算符。

【例 3.23】 查询年龄在 60～70 岁之间的病人。SQL 语句实现如下。

```
SELECT * FROM 住院病人信息表
WHERE Year(Date())-Year([出生日期])>=60 And Year(Date())-Year([出生日期])<=70
```

也可以用以下方式实现。

```
SELECT * FROM 住院病人信息表
WHERE Year(Date())-Year([出生日期]) Between 60 And 70
```

【例 3.24】 查询所有姓"田"的病人的编码和姓名。SQL 语句实现如下。

```
SELECT 病人编码,病人姓名
FROM 住院病人信息表
WHERE 病人姓名 Like "田*"
```

该语句的 WHERE 子句还有如下等价的形式：WHERE Left(病人姓名,1)= "田"或 WHERE Mid(病人姓名,1,1)= "田"。

【例 3.25】 查询出所有出院日期为"空值"的病人的编码和姓名。SQL 语句实现如下。

```
SELECT 病人编码,病人姓名
FROM 住院病人信息表
WHERE 出院日期 Is Null
```

该语句中使用了运算符"Is Null"，该运算符是用来测试字段值是否为"空值"的。在查询时用"字段名 Is Null"的形式，而不能使用"字段名=Null"的形式。

（3）查询结果处理语句

使用 SELECT 语句完成查询后，所查询的结果默认显示在界面中。若要对查询结果进行处理，则需要用到 SELECT 语句的其他子句。

① 排序输出（ORDER BY）

SELECT 语句的查询结果是按查询过程中的自然顺序输出的，因此查询结果通常无序。如果希望查询结果有序输出，需要配合使用 ORDER BY 子句，其语法格式为：ORDER BY <排序选项 1> [ASC|DESC] [,<排序选项 2>] [ASC|DESC]…。其中，<排序选项>是字段名，字段名必须是 SELECT 语句的输出选项，即所操作的表中的字段；ASC 表示指定的排序项按升序排列，DESC 表示指定的排序项按降序排列。

【例 3.26】 查询所有住院病人的病人编码、病人姓名、家庭地址，并按性别顺序输出，性别相同再按年龄由大到小排列。SQL 语句实现如下。

```
SELECT 病人编码,病人姓名,家庭地址
```

```
FROM 住院病人信息表
ORDER BY 病人性别,Year(Date())-Year([出生日期]) DESC
```

② 分组统计（GROUP BY）与筛选（HAVING）

GROUP BY 子句可以对查询结果进行分组，其语法格式为：GROUP BY <分组选项 1>] [,<分组选项 2>…]。其中，<分组选项>是作为分组依据的字段名。GROUP BY 子句可以将查询结果按指定列进行分组，每组在列中具有相同的值。要注意的是，如果使用了 GROUP BY 子句，则查询输出选项要么是分组选项，要么是统计函数，因为分组后每个组只返回一行结果。

如果在分组后还要按照一定的条件筛选，则使用 HAVING 子句，其语法格式为：HAVING <分组条件>。

HAVING 子句与 WHERE 子句一样，均可以按条件选择记录，但是两个子句作用的对象不一样。WHERE 子句作用于表；而 HAVING 子句作用于组，必须与 GROUP BY 子句连用，用来指定每一分组内应满足的条件。在实际应用中，两个子句并不矛盾，在查询语句中可以先用 WHERE 子句选择记录，然后进行分组，最后用 HAVING 子句选择组。

【例 3.27】 分别统计出男女住院病人的总人数。SQL 语句实现如下。

```
SELECT 病人性别,Count(*) AS 人数
FROM 住院病人信息表
GROUP BY 病人性别
```

【例 3.28】 统计出住院医生所负责的病人总数大于等于 5 的医生。SQL 语句实现如下。

```
SELECT 医生编码,Count(病人编码) AS 病人总数
FROM 住院病人信息表
GROUP BY 医生编码
HAVING Count(病人编码)>=5
```

2. 多表查询

前面基本查询中所讲解查询的数据源均来自一张表，而在实际应用中，许多查询需要将多张表的数据组合起来。也就是说，查询的数据源来自多张表。使用 SELECT 语句能够完成此类查询操作。

【例 3.29】 输出所有病人的住院信息，要求列出病人编码、病人姓名、主治医生姓名、所在科室名称。SQL 语句实现如下。

```
SELECT 病人编码,病人姓名,用户姓名,科室名称
FROM 住院病人信息表,住院科室信息表,住院医生护士信息表
WHERE 住院病人信息表.科室编码=住院科室信息表.科室编码
AND 医生编码=用户编码
```

上述语句执行后的部分结果如图 3-41 所示。由于此查询的数据源来自 3 张表，首先要确认 3 张表已建立关系。在 FROM 子句中列出 3 张表，同时使用 WHERE 子句指定连接表的条件。还需注意的是，当涉及多表查询时，如果字段名在两张表中都有出现，应在所用字段的

字段名前加上表名（如果字段名是唯一的，可以不用加表名，该实例中的医生编码和用户编码都是唯一的，所以不用加表名；而“科室名称”字段在“住院病人信息表”和“住院科室信息表”中都出现了，所以在该字段名前必须加上表名）。

例3-29

病人编码	病人姓名	用户姓名	科室名称
p00001	万庆伏	昌文婷	血透室
p00002	贾中华	方雅鸿	血透室
p00003	于建家	伍波	心血管内科
p00004	蔡开美	闫子春	普外科
p00005	蔡显光	丁淼	内分泌消化内
p00006	蒋细月	向子健	儿科
p00007	钟俊德	彭建中	儿科
p00008	魏从金	方鹰	感染科
p00009	孟伯平	何军	五官科
p00010	蔡仁中	韦科峰	普外科
p00011	金新华	邓思妮	肝胆外科
p00012	武飞海	彭建中	普外科
p00013	莫思高	林庆能	五官科

图 3-41　多表查询结果

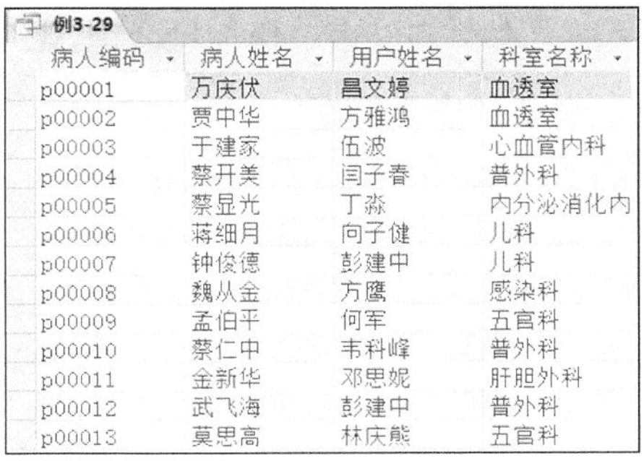

【例 3.30】　输出所有 60 岁病人的住院信息，要求列出病人编码、病人姓名、主治医生姓名、所在科室名称。SQL 语句实现如下。

```
SELECT 病人编码,病人姓名,用户姓名,科室名称
FROM 住院病人信息表,住院科室信息表,住院医生护士信息表
WHERE 住院病人信息表.科室编码=住院科室信息表.科室编码
AND 医生编码=用户编码
AND Year(Date())-Year([出生日期])>=60
```

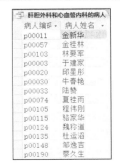

3. **联合查询**

联合查询实际上是将两张表或查询中的记录纵向合并成为一个查询结果。UNION（数据合并）子句的语法格式为：UNION [ALL] SELECT 语句。其中，ALL 表示结果全部合并。若没有 ALL，则重复的记录被自动去掉。合并的规则如下。

（1）不能合并子查询的结果。

（2）两个 SELECT 语句必须输出同样的列数。

（3）两张表相应列的数据类型必须相同，数字和字符不能合并。

（4）仅最后一个 SELECT 语句可以用 ORDER BY 子句，且<排序选项>必须用数字说明。

【例 3.31】　查询“心血管内科”和“肝胆外科”的所有病人的“病人编码”“病人姓名”，要求建立联合查询。SQL 语句实现如下。

```
SELECT 病人编码,病人姓名  FROM  住院病人信息表,住院科室信息表
WHERE 科室名称="心血管内科" AND 住院病人信息表.科室编码=住院科室信息表.科室编码
UNION
SELECT 病人编码,病人姓名 FROM 住院病人信息表,住院科室信息表
WHERE 科室名称="肝胆外科" AND 住院病人信息表.科室编码=住院科室信息表.科室编码
```

该查询中前面的 SELECT 语句查询出“心血管内科”所有病人的编码和姓名，后面的 SELECT 语句查询出“肝胆外科”所有病人的编码和姓名，然后将两个查询结果合并成为一个查询结果，如图 3-42 所示。

肝胆外科和心血管内科的病人

病人编码	病人姓名
p00011	金新华
p00057	金桂林
p00103	林要军
p00003	于建家
p00020	邱星彤
p00030	牛春艳
p00033	陆赞
p00074	夏桂雨
p00105	程伟刚
p00115	骆家华
p00124	魏称道
p00135	杜运滔
p00148	邹逸吉
p00190	蔡久生

图 3-42　联合查询的运行结果

3.7.3　SQL 数据定义

有关数据定义的 SQL 语句有 3 个，分别用来建立（CREATE）数据对象、修改（ALTER）数据库对象和删除（DROP）数据库

对象。本小节以表对象为例介绍 SQL 数据定义功能。

1. 建立表结构

在 SQL 中可以通过 CREATE TABLE 语句建立表结构，其语法格式如下。

```
CREATE TABLE <表名>
(<字段名 1> <数据类型 1> [字段级完整性约束 1]
[,<字段名 2> <数据类型 2> [字段级完整性约束 2]]
[,…]
[,<字段名 n> <数据类型 n> [字段级完整性约 n]]
[,<表级完整性约束>])
```

上述语法格式中各参数的含义如下。

（1）<表名> 表示要建立的表的名称。

（2）<字段名 1>、<字段名 2>、<字段名 *n*>表示要建立的表的字段名。在其语法格式中，每个字段名后的语法成分都是对该字段的属性说明，其中字段的数据类型是必须有的。表 3-14 列出了 Access SQL 中常用的数据类型。

表 3-14 　　　　　　　　　　　Access SQL 中常用的数据类型

数 据 类 型	说 　 明
Smallint	短整型，按两个字节存储
Integer	长整型，按 4 个字节存储
Real	单精度浮点型，按 4 个字节存储
Float	双精度浮点型，按 8 个字节存储
Money	货币型，按 8 个字节存储
Char(n)	字符型（存储 0～255 个字符）
Text(n)	备注型
Bit	是/否型，按 1 个字节存储
Datetime	日期/时间型，按 8 个字节存储
Image	用于 OLE 对象型

（3）定义表时，还可以根据需要定义字段的完整性约束，用于在输入数据时对字段进行有效性检查。当多个字段需要设置相同的约束条件时，可以使用"表级完整性约束"。关于约束的选项有很多种，最常用的有以下 3 种。

① 空值约束（Null 或 Not Null）：指定该字段是否允许"空值"，其默认值为 Null，即允许"空值"。

② 主键约束（PRIMARY KEY）：指定该字段为主键。

③ 唯一性约束（UNIQUE）：指定该字段的取值唯一，即每条记录在此字段上的值不能重复。

【例 3.32】　在"住院管理信息"数据库中建立"住院病人信息表"（包含病人编码、病人姓名、病人性别、家庭地址、科室编码、医生编码、入院时间、出院时间等字段），其中，允许"出院时间"字段为"空值"。具体操作步骤如下。

① 打开"住院管理信息"数据库，单击"创建"选项卡，在"查询"组中单击"查询设计"按钮，打开查询设计视图窗口，在"显示表"对话框中单击"关闭"按钮，不添加任何表或查询，进入空白的查询设计视图。

② 在"查询工具-设计"选项卡的"查询类型"组中单击"数据定义"按钮，在数据定义查询窗口中输入如下 SQL 语句。

```
CREATE TABLE 住院病人信息表1
(病人编码 Char(10),
病人姓名 Char(20),
病人性别 Char(2),
家庭地址 Char(100),
科室编码 Char(5),
医生编码 Char(5),
入院时间 Datetime,
出院时间 Datetime Null);
```

说明："住院管理信息"数据库中已经创建了"住院病人信息表"，如果再创建，会覆盖以前的"住院病人信息表"。因此，这里创建的表为"住院病人信息表 1"。

③ 在"查询工具-设计"选项卡的"结果"组中单击"运行"按钮，将在"住院管理信息"数据库中创建"住院病人信息表 1"，如图 3-43 所示。

图 3-43　利用数据定义查询创建的表

④ 保存该数据定义查询。

2. 修改表结构

如果创建的表结构不能满足用户的要求，可以对其进行修改。使用 ALTER TABLE 语句可修改已建的表结构，其语法格式如下。

```
ALTER TABLE <表名>
[ADD <字段名> <数据类型> [字段级完整性约束条件]]
[DROP [<字段名>]…]
[ALTER <字段名> <数据类型>];
```

上述语法格式可以用来添加（ADD）新的字段、删除（DROP）指定字段或修改（ALTER）已有的字段，其中各选项的用法基本与 CREATE TABLE 的用法相对应。

【例 3.33】　对"住院医生护士信息表 1"增加一个日期/时间型的"出生日期"字段。SQL语句实现如下。

```
ALTER TABLE 住院医生护士信息表1 ADD 出生日期 Datetime
```

【例 3.34】 对"住院病人信息表 1"删除"家庭地址"字段。SQL 语句实现如下。

ALTER TABLE 住院病人信息表 1 DROP 家庭地址

3. 删除表

如果要删除某张不再需要的表，可以使用 DROP TABLE 语句实现，其语法格式为：DROP TABLE <表名>。其中，<表名>是指需要删除表的名称。

【例 3.35】 在"住院管理信息"数据库中删除刚才创建的"住院病人信息表 1"。SQL 语句实现如下。

DROP TABLE 住院病人信息表 1

表被删除，表中数据将自动被删除，并且无法恢复。因此，用户在执行删除表的操作时一定要慎重。

3.7.4 SQL 数据操纵

数据操纵是用完成数据操作的语句实现的，由 INSERT（插入）、UPDATE（更新）、DELETE（删除）3 种语句组成。

1. 插入记录

INSERT 语句实现数据的插入功能，可以将一条新记录插入指定的表中，其语法格式如下。

```
INSERT INTO <表名>
[(<字段名 1>[,<字段名 2>…])]
VALUES (<字段值 1>[,<字段值 2>…])
```

其中，<表名>是指要插入记录的表名称，<字段名>是指要添加字段值的字段名称，<字段值>是指具体的字段值。当需要插入表中所有的字段值时，表名后面的字段名可以省略，但插入字段值的数据类型及顺序必须与表结构定义的完全一致。若只需要插入表中某些字段，则需要列出插入的字段名，当然，相应字段值的数据类型也应与其对应。

【例 3.36】 向"住院医生护士信息表"添加一条记录。SQL 语句实现如下。

INSERT INTO 住院医生护士信息表(用户编码,用户姓名,用户类型,出生日期)VALUES("818", "邓开来", "医生", #1980-09-01#)

说明：文本数据应用单引号或双引号括起来，日期数据应用"#"括起来。

2. 更新记录

UPDATE 语句可对表中某些记录的某些字段进行修改，以实现记录的更新，其语法格式如下。

```
UPDATE <表名>
SET <字段名 1>=<表达式 1> [,<字段名 2>=<表达式 2>…]
[WHERE <条件表达式>]
```

其中，<表名>是指要更新数据的表名称，<字段名>=<表达式>是指用表达式的值替代对应字段的值，并且一次可以修改多个字段。一般使用 WHERE 子句来指定被更新字段值所满足的条件，如果不使用 WHERE 子句，则更新所有记录。

【例 3.37】　对"住院医生护士信息表"中用户编码为"812"的记录进行修改,将其职称改为"主任护师"。SQL 语句实现如下。

```
UPDATE 住院医生护士信息表
SET 职称="主任护师"
WHERE 用户编码="812"
```

3. 删除记录

DELETE 语句可以删除表中的记录,其语法格式如下。

```
DELETE FROM <表名> [WHERE   <条件表达式>]
```

其中,FROM 子句指定从哪张表中删除数据,WHERE 子句指定被删除的记录所满足的条件。如果不使用 WHERE 子句,则删除表中的全部记录。

【例 3.38】　删除"住院医生护士信息表"中所有副主任医师的记录。SQL 语句实现如下。

```
DELETE FROM 住院医生护士信息表
WHERE 职称="副主任医师"
```

完成以上操作后,"住院医生护士信息表"中所有副主任医师的记录都将被删除。

3.8　本 章 小 结

查询的主要目的是通过设置某些条件,从表中选择所需要的数据。Access 支持 5 种查询方式:选择查询、参数查询、交叉表查询、操作查询和 SQL 查询。

使用查询时需要了解查询和数据表之间的关系。查询实际上就是将分散存储在数据表中的数据按照一定的条件重新组织起来,形成一个动态的数据记录集合,而这个记录集合在数据库中并没有真正地存在,只在查询运行时从查询源表的数据中抽取创建,数据库中只是保存查询的方式。当关闭查询时,查询得到的记录集合自动消失。

(1)选择查询是最常见的查询类型,它从一张或多张表中检索数据,也可以使用选择查询来对记录进行分组,并且对记录进行总计、计数、求平均值或其他类型的计算。选择查询还包含参数查询,即查询条件可以更换,在运行时再输入。

(2)使用交叉表查询可以计算并重新组织数据的结构,这样可以更加方便地分析数据。交叉表查询允许计算数据的总计值、平均值、计数值或其他类型的操作。

(3)操作查询是指执行查询对数据表中的记录进行更改。操作查询分为 4 种:生成表查询、更新查询、追加查询和删除查询。

(4)SQL 查询是指用户使用 SQL 语句创建的查询。用户通过结构化的查询语言(SQL)可以实现查询、创建和管理数据库。

使用查询向导可创建选择查询和交叉表查询,虽然方便快捷,但缺乏灵活性。使用查询设计视图可以实现复杂条件和需求的查询设计，是本章需要掌握的重点。

3.9 习　　题

一、单选题

1. Access 查询的结果总是与数据源中的数据保持（　　）。

　　A．不一致　　　　　B．同步　　　　　C．无关　　　　　D．不同步

2. 在 Access 查询准则中，日期型数据应该用（　　）括起来。

　　A．%　　　　　　　B．&　　　　　　　C．$　　　　　　　D．#

3. 在查询设计视图中，可以作为查询数据源的是（　　）。

　　A．只有数据表　　　　　　　　　B．只有查询

　　C．既可以是数据表，也可以是查询　　D．以上都不对

4. 特殊运算符"Is Null"用于判断一个字段是否为（　　）。

　　A．0　　　　　　　B．空格　　　　　C．空值　　　　　D．False

5. 数据表中有一个"姓名"字段，查找姓名为"刘迪亚"或"李铭"的记录的查询条件是（　　）。

　　A．Like("刘迪亚","李铭")　　　　　　B．Like("刘迪亚"和"李铭")

　　C．In("刘迪亚和李铭")　　　　　　　D．In("刘迪亚","李铭")

6. 在查询设计视图窗口中，设置（　　）行可以让某个字段只用于设定条件，而不出现在查询结果中。

　　A．显示　　　　　B．排序　　　　　C．字段　　　　　D．条件

7. 若需统计"住院病人信息表"中各科室住院病人总数，则应在查询设计视图中将"病人编码"字段对应的"总计"行设置为（　　）。

　　A．Sum　　　　　B．Count　　　　　C．Where　　　　　D．Total

8. 下列查询不属于操作查询的是（　　）。

　　A．追加查询　　　B．交叉表查询　　C．删除查询　　　D．生成表查询

9. 利用提示对话框提示用户输入查询条件进行查询的是（　　）。

　　A．参数查询　　　B．选择查询　　　C．操作查询　　　D．子查询

10. 查找姓"王"的教师的查询条件为（　　）。

　　A．"王"　　　　　B．Like "王"　　　C．Like "王？"　　D．Like "王*"

11. 在"住院病人信息表"中查找"病人编码"字段的第 5 位、第 6 位字符是"13"的查询条件为（　　）。

A. Mid([病人编号],5,6)= "13"　　　　B. Mid("病人编号",5,6)= "13"

C. Mid([病人编号],5,2)= "13"　　　　D. Mid("病人编号",5,2)= "13"

12. 在 SQL 查询的 SELECT 语句中，用来指定根据字段名排序的子句是（　　　）。

A. WHERE　　　　B. HAVING　　　　C. ORDER BY　　　D. GROUP BY

13. 创建 Access 查询可以用（　　　）。

A. 查询向导　　　　B. 查询设计视图　C. SQL 查询　　　　D. 以上均可

14. 下列关于查询的叙述，不正确的是（　　　）。

A. 查询结果随记录源中数据的变化而变化

B. 查询与表的名称不能相同

C. 一个查询不能作为另一个查询的记录源

D. 在查询设计视图中，设置多个排序字段时，最左边的排序字段优先级最高

15. 在 SQL 语句中，定义表的命令是（　　　）。

A. DROP　　　　B. CREATE　　　　C. UPDATE　　　　D. DEFINE

16. SQL 语句中，删除表的命令是（　　　）。

A. DELETE　　　　B. DROP　　　　C. UPDATE　　　　D. DEFINE

17. 使用 SELECT 语句进行分组检索时，为了去掉不满足条件的分组，应当（　　　）。

A. 使用 WHERE 子句

B. 先使用 GROUP BY 子句，再使用 HAVING 子句

C. 先使用 WHERE 子句，再使用 HAVING 子句

D. 先使用 HAVING 子句，再使用 WHERE 子句

18. 下列 SQL 语句中，与表达式"科室编码　Not In("438"，"219")"功能相同的表达式是（　　　）。

A. 科室编码="438" AND 科室编码="219"

B. 科室编码<>"438" OR 科室编码<>"219"

C. 科室编码<>"438" OR 科室编码="219"

D. 科室编码<>"438" AND 科室编码<>"219"

19. 下列 SQL 查询语句中，与图 3-44 所示查询设计视图中的查询条件等价的是（　　　）。

A. SELECT 病人姓名,病人性别 FROM 住院病人信息表

　　WHERE Left([病人姓名],1)="张" OR 病人性别= "男"

B. SELECT 病人姓名,病人性别 FROM 住院病人信息表

　　WHERE Left([病人姓名],1)="张" AND 病人性别= "男"

C. SELECT 病人姓名,病人性别,Left([病人姓名],1)

　　FROM 住院病人信息表

WHERE Left([病人姓名],1)="张" OR 病人性别= "男"

    D. SELECT 病人姓名,病人性别,Left([病人姓名],1)

        FROM 住院病人信息表

        WHERE Left([病人姓名],1)="张" AND   病人性别= "男"

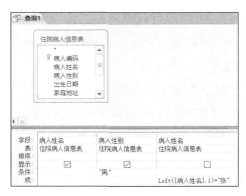

图 3-44　查询设计视图中的查询条件

20.　创建一个交叉表查询，在"交叉表"行上，有且只能有一个的是（　　　）。

    A.　行标题和值   B.　行标题和列标题

    C.　列标题和值   D.　行标题、列标题和值

二、思考题

1.　简述查询和数据表的关系。

2.　Access 中查询有几种类型？

3.　操作查询分为哪几种？

4.　如何为一个查询添加一个计算字段？

5.　如何改变查询结果中的字段标题？

6.　参数查询有什么特点？

三、操作题

假设一个数据库中有如下 4 张表。

书店（包含书店号、书店名、地址字段）。

图书（包含书号、书名、定价字段）。

图书馆（包含馆号、馆名、城市、电话字段）。

图书发行（包含馆号、书号、书店号、数量字段）。

试回答下列问题。

（1）用 SQL 语句定义图书表。

（2）用 SQL 语句插入一本图书的信息（A0001,Access 2010 数据库应用基础,32）。

（3）用 SQL 语句检索已发行的图书中，最贵和最便宜图书的定价。

第4章
窗体

窗体是 Access 数据库中的一种对象，用来接收输入或显示数据库中的数据，在程序运行时提供用户与系统交互的界面，进而实现对数据库的管理。窗体可以将数据库中的对象组织起来，形成一个功能完整、风格统一的数据库应用系统。窗体包含称为控件的图形对象，可建立窗体与其记录源之间的链接。根据不同的应用目的，可以设计具有不同风格的窗体。本章将详细介绍窗体的概念和作用、窗体的类型和视图、窗体的设计和各种创建方法等，以及运用属性对窗体和控件进行设置。为加强窗体的灵活性、美观性，本章还将介绍高级窗体的设计方法，包括窗体中的控件设计、子窗体的设计、控件的格式设置等。

本章的学习目标如下。

（1）了解窗体的概念和窗体的视图。

（2）掌握窗体的多种创建方法、窗体的结构及窗体控件的使用方法。

（3）熟练掌握运用"属性表"窗格设置窗体和控件的属性，并能够进行窗体设计。

4.1　窗　体　概　述

用户通过窗体对数据库进行使用和维护，实现人机交互的功能，但窗体本身并不存储数据；运用窗体可以直观、方便地对数据库中的数据进行输入、编辑、显示和查询。窗体体现了可视化的设计风格，将数据库捆绑于窗体，从而使对窗体的操作与对数据库中数据的维护同步进行。窗体中可以包含多种控件，通过这些控件可以打开报表或其他窗体、执行宏或VBA 代码程序。在数据库应用系统开发完成后，用户对数据库的所有操作都可以通过窗体来实现。

4.1.1　窗体的功能

窗体是应用程序和用户之间的接口，是创建数据库应用系统最基本的对象。简单地说，窗体主要有以下几项基本功能。

认识窗体

1. 输入和编辑数据

为数据库中的数据表设计相应的窗体，作为输入或编辑数据的界面，实现数据的输入和编辑。

2. 显示和打印数据

在窗体中可以显示或打印来自一个或多个数据表（或查询）中的数据，可以显示警告或解释信息。窗体中数据显示的形式相对于数据表或查询更灵活，尤其是数据透视图窗体和数据透视表窗体，可以将数据直观表达出来，使数据的可分析性更强。

3. 控制应用程序执行流程

窗体能够与函数、过程相结合，用户可编写宏或 VBA 代码完成各种复杂的处理功能，控制程序的执行。例如，窗体作为导航面板，可以为用户提供导航功能。

4.1.2　窗体的类型

根据窗体可完成的功能不同，其对应的窗体类型也不同。窗体一般可以分为以下几种类型。

1. 单页窗体

单页窗体可用来显示表或查询中每一条记录的完整信息。

2. 多页窗体

多页窗体的每一页只显示一条记录的部分信息。用户可以单击切换按钮，在不同的分页中切换。它适用于每条记录的字段很多，或对记录中的信息需要进行分类查看的情况。

3. 连续窗体

连续窗体能够在同一屏中显示多条记录。它以数据表的方式显示已经格式化的记录，适用于每条记录的字段不多，需要浏览记录列表的情况。

4. 弹出式窗体

弹出式窗体用来显示信息或提示用户输入数据。即使其他窗体正处于活动状态，弹出式窗体也会显示在已打开的窗体前面。弹出式窗体分为非独占式和独占式两种。前者在打开以后，用户仍然可以访问其他数据库对象和菜单命令，而后者在打开以后，用户将不能访问其他数据库对象和菜单命令。

5. 含子窗体的窗体

窗体中可以包含子窗体，原窗体称为主窗体。它适用于显示来自多个表中的具有一对多关系的数据。

4.1.3　窗体的视图

为了让用户可以从不同的角度和层面来设计、查看和使用窗体，Access 2010 提供了 6 种窗体视图模式。打开任意窗体，单击界面左上角的"视图"按钮，在弹出的下拉列表中可以切换窗体的视图模式。不同类型的窗体具有不同的视图，窗体在不同视图中完成不同的任务。

窗体的视图

1. 窗体视图

窗体视图是窗体运行时的显示效果，是最终面向用户的视图，是用于输入、修改或查看数据的窗口。在该视图下，可浏览窗体所捆绑的数据源数据，如图 4-1 所示。

2. 数据表视图

数据表视图以行和列（表格）的形式显示窗体中的数据，显示效果和浏览方法与表和查询对象的数据表视图相似，如图 4-2 所示。在数据表视图中，可以编辑字段、添加和删除数据、查找数据等。

图 4-1 窗体的窗体视图

图 4-2 窗体的数据表视图

3. 数据透视表视图

数据透视表视图是使用"Office 数据透视表"所创建的数据透视表窗体。在数据透视表视图中，可以动态更改窗体的版面布局，重构数据的组织方式，从而方便以各种不同方法分析数据。这种视图可视为一种交互式的表，它可以重新排列行标题、列标题和筛选字段，形成所需的版面布局。每次改变版面布局时，窗体会立即按照新的布局重新计算数据，实现数据的汇总、小计和总计，如图 4-3 所示。

4. 数据透视图视图

数据透视图视图是使用"Office Chart 组件"所创建的交互式图表窗体。在该视图下，可以将表中的数据和小计、汇总数据以图形化的方式直接显示出来，如图 4-4 所示。

5. 设计视图

窗体的设计视图是用于窗体创建和修改的视图，如图 4-5 所示。在设计视图中不仅可以创建窗体，还可以调整窗体的版面布局，以及在窗体中添加控件、设置数据来源等，但并不显示数据源数据。在设计视图中创建窗体后，即可在窗体视图中查看。

图 4-3　窗体的数据透视表视图

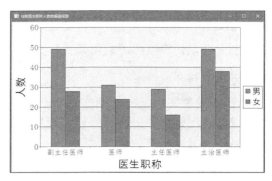

图 4-4　窗体的数据透视图视图

6. 布局视图

布局视图是 Access 2010 中新增加的一种视图，主要用于调整和修改窗体设计。窗体的布局视图与窗体视图的界面外观很相似，两者间的区别仅在于布局视图中各控件的位置和大小可调，如图 4-6 所示。在布局视图中，窗体处于运行状态，可在修改窗体的同时看到效果。

图 4-5　窗体的设计视图

图 4-6　窗体的布局视图

4.2　创 建 窗 体

创建窗体有两种途径：一种是在窗体的设计视图中手工创建；另一种是使用 Access 提供的向导快速创建。数据操作类的窗体一般都能由向导创建，但这类窗体的版式是固定的，因此经常需要切换到设计视图中手动进行调整和修改。控制类窗体和交互信息类窗体只能在设计视图中手工创建。

创建窗体

在 Access 2010 中，"创建"选项卡的"窗体"组提供了多种创建窗体的功能按钮。其中包括"窗体""窗体设计""空白窗体" 3 个主要按钮，还有"窗体向导""导航""其他窗体" 3 个辅助按钮，如图 4-7 至图 4-9 所示。

图 4-7　"窗体"组

图 4-8 "导航"按钮的下拉列表   图 4-9 "其他窗体"按钮的下拉列表

各按钮的功能如下。

1. 窗体

"窗体"按钮是一种快速地创建窗体的工具，只需要单击一次，便可以利用当前打开（或选定）的数据源（表或查询）自动创建窗体。

2. 窗体设计

单击"窗体设计"按钮，可以进入窗体的设计视图。

3. 空白窗体

"空白窗体"按钮是一种快捷的窗体构建工具，在创建的空白窗体中能够直接从"字段列表"窗格中拖曳添加绑定型控件。

4. 窗体向导

"窗体向导"按钮是一种辅助用户创建窗体的工具。通过提供的向导，用户可以创建基于一个或多个数据源的不同布局的窗体。

5. 导航

导航用于创建具有"导航"按钮的窗体，也称为导航窗体。导航窗体有 6 种不同的布局格式，但创建方式是相同的。"导航"按钮更适用于创建 Web 形式的数据库窗体。

6. 其他窗体

"其他窗体"按钮可用来创建特定窗体，包括"多个项目"窗体、"数据表"窗体、"分割窗体"、"模式对话框"窗体、"数据透视图"窗体和"数据透视表"窗体。"其他窗体"下拉列表中各选项的功能如下。

① "多个项目"利用当前打开（或选定）的数据源创建表格式窗体，在窗体上同时显示多个记录。

② "数据表"是利用当前打开（或选定）的数据源创建数据表形式的窗体。

③ "分割窗体"可以同时提供数据的两种视图，即窗体视图和数据表视图，两种视图链接到同一数据源，并且总是相互保持同步，如果在窗体的某个视图中选择了一个字段，则会

在窗体的另一个视图中选择相同的字段。

④ "模式对话框"创建带有命令按钮的对话框窗体，该窗体总是保持在 Access 的顶层，如果没有关闭该窗体，则不能进行其他操作，登录窗体属于该种窗体。

⑤ "数据透视图"是以图形的形式显示统计数据的窗体。

⑥ "数据透视表"是以表格方式显示统计数据的窗体。

4.2.1　自动创建窗体

在 Access 中，提供了多种方法自动创建窗体。基本创建步骤都是先打开（或选定）一个表或者查询，即选择表或查询对象作为窗体的数据来源，然后选用某种自动创建窗体的工具创建窗体。但是自动创建窗体无法进行一些具体的设置，例如选择窗体的背景图像、排列窗体中的字段等。

1. 使用 "窗体" 按钮

使用 "窗体" 按钮创建的窗体，其数据源来自某个表或某个查询，窗体布局结构简单、整齐。使用这种工具创建的是一种显示单个记录的窗体。

【例 4.1】　使用 "窗体" 按钮创建 "住院病人信息" 窗体，操作步骤如下。

① 打开 "住院管理信息" 数据库，在导航窗格中选中 "住院病人信息表" 作为数据源。

② 在 "创建" 选项卡的 "窗体" 组中单击 "窗体" 按钮，Access 自动创建图 4-10 所示的窗体。

2. 使用 "多个项目" 工具

所谓 "多个项目"，即在单个窗体上显示多条记录的窗体布局形式。若要实现这种窗体效果，可以使用 "多个项目" 工具。

【例 4.2】　使用 "多个项目" 工具，创建 "住院病人信息" 窗体，操作步骤如下。

① 打开 "住院管理信息" 数据库，在导航窗格中选中 "住院病人信息表"。

② 在 "创建" 选项卡的 "窗体" 组中单击 "其他窗体" 按钮 其他窗体，在弹出的下拉列表中选择 "多个项目" 选项，Access 自动生成图 4-11 所示的窗体。

图 4-10　使用 "窗体" 按钮创建的
"住院病人信息" 窗体

3. 使用 "分割窗体" 工具

"分割窗体" 工具用于创建具有两种布局形式的窗体。其窗体上方采用单一记录纵栏式布局方式，下方采用多条记录数据表布局方式。这种分割窗体为浏览记录提供了方便，既可宏观浏览多条记录，又可微观浏览记录明细。因此，这种窗体特别适用于数据表中记录很多，又需要浏览某一条记录明细的情况。

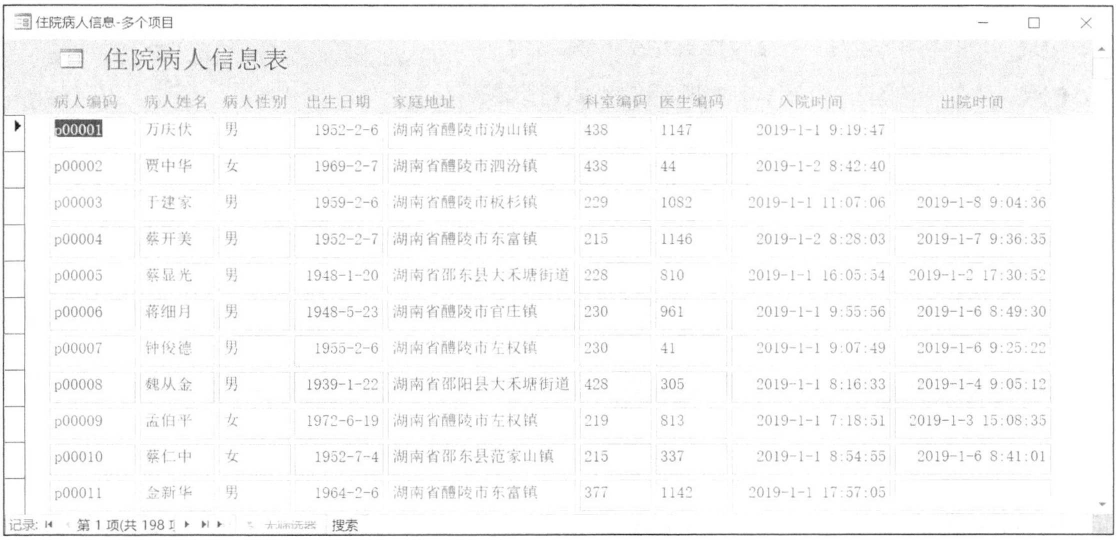

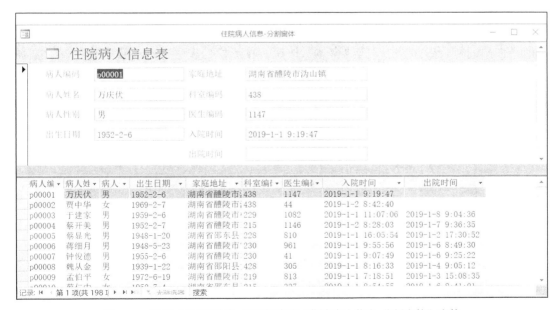

图 4-11　使用"多个项目"工具创建的"住院病人信息-多个项目"窗体

【例 4.3】　使用"分割窗体"工具，创建"住院病人信息"窗体，操作步骤如下。

① 打开"住院管理信息"数据库，在导航窗格中选中"住院病人信息表"。

② 在"创建"选项卡的"窗体"组中单击"其他窗体"按钮 其他窗体，在弹出的下拉列表中选择"分割窗体"选项，Access 自动生成图 4-12 所示的窗体。

图 4-12　选择"分割窗体"选项创建的"住院病人信息-分割窗体"窗体

4. 使用"模式对话框"工具

使用"模式对话框"工具可以创建模式对话框窗体。这种形式的窗体是一种交互信息窗体，其中包含"确定"和"取消"两个命令按钮。这类窗体的特点是：其运行方式是独占式的，在退出窗体前不能打开或操作其他数据库对象。

【例 4.4】 创建一个图 4-13 所示的模式对话框窗体，操作步骤如下。

① 在"创建"选项卡的"窗体"组中单击"其他窗体"按钮。

② 在弹出的下拉列表中选择"模式对话框"选项，Access 自动生成模式对话框窗体。

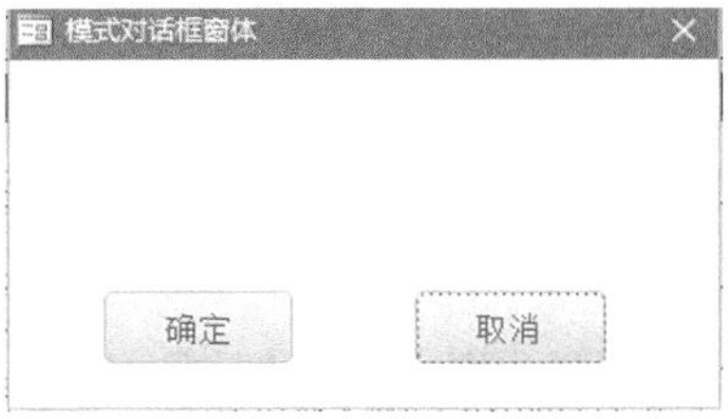

图 4-13 使用"模式对话框"按钮创建的窗体

4.2.2 创建图表窗体

使用"其他窗体"按钮可以创建数据透视表窗体和数据透视图窗体。这两种窗体能够以更加直观的图表形式显示记录和各种统计分析的结果。创建这类窗体时，第一步创建的只是窗体的一部分，还需要选择、填充相关的信息完成第二步的创建工作，才能完成整个窗体的创建。

1. 创建数据透视表窗体

数据透视表是一种特殊的表，用于进行数据计算和分析。

【例 4.5】 以"住院医生护士信息表"为数据源，根据不同职称的男、女人数，创建数据透视表窗体，操作步骤如下。

① 打开"住院管理信息"数据库，在导航窗格中选中"住院医生护士信息表"。

② 在"窗体"组中单击"其他窗体"按钮，在下拉列表中选择"数据透视表"选项，进入数据透视表的设计界面，如图 4-14 所示。"设计"选项卡中的"字段列表"按钮可以用来显示或隐藏当前所选表中字段列表的相关信息。

图 4-14 "数据透视表"的设计界面

③ 将"数据透视表字段列表"窗格中的"职称"字段拖至"行字段"区域，将"用户性别"字段拖至"列字段"区域，然后选中"用户编码"字段，并在右下角的下拉列表框中选择"数据区域"，单击"添加到"按钮，效果如图 4-15 所示。

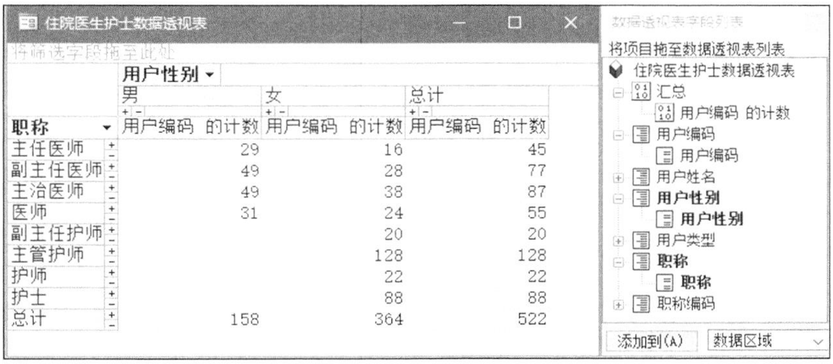

图 4-15　医生护士职称及各性别人数的统计数据透视表

可以看到，在"数据透视表字段列表"窗格中生成了一个"汇总"字段，该字段的值是选中的"用户编码"字段的计数值，同时在数据区域产生了在"职称"（行字段）和"用户性别"（列字段）分组下有关"用户编码"的计数值，也就是统计医生护士不同职称的男、女人数。

创建数据透视表窗体时，需要理解组成数据透视表的各种元素和区域。数据透视表中有两个主要元素，即"轴"和"数据透视表字段列表"。

（1）轴。它是"数据透视表"窗体中的一个区域，可包含一个或多个字段的数据。在用户界面中，因为可以向轴中拖放字段，所以它也被称为"拖放区域"。数据透视表有 4 个主要轴，每个轴都有不同的作用。其中，"行字段"在数据透视表的左侧，如例 4.5 中的"职称"字段；"列字段"在数据透视表的上方，如例 4.5 中的"用户性别"字段；"筛选字段"用于筛选数据透视表的字段，可以对显示在各行与各列交叉部分的字段，即"汇总或明细字段"中的数据做进一步的分类筛选。

（2）"数据透视表字段列表"窗格。它根据窗体的"记录源"属性来显示可供数据透视表使用的字段，当前选中或打开的数据源即为新建数据透视表窗体的"记录源"。

2. 创建数据透视图窗体

数据透视图是一种交互式的图表，其功能与数据透视表类似，只不过它以图形化的形式来表现数据。数据透视图窗体能较为直观地反映数据之间的关系，其创建方法与创建数据透视表窗体的方法相似。

【例 4.6】　以"住院医生护士信息表"为数据源，根据不同职称的男、女人数，创建数据透视图窗体，操作步骤如下。

① 打开"住院管理信息"数据库，在导航窗格中选中"住院医生护士信息表"。

② 在"窗体"组中单击"其他窗体"按钮，在下拉列表中选择"数据透视图"选项，进入数据透视图的设计界面，如图 4-16 所示。

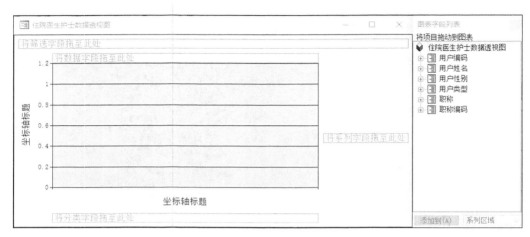

图 4-16　"数据透视图"的设计界面

③ 将"图表字段列表"窗格中的"职称"字段拖至"分类字段"区域，将"用户性别"字段拖至"系列字段"区域，将"用户编码"字段拖至"数据字段"区域，将"用户类型"字段拖至"筛选字段"区域，并仅选择"医生"作为筛选条件，如图 4-17 所示。

④ 保存生成的数据透视图窗体。

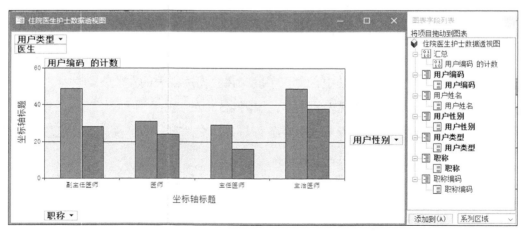

图 4-17　医生职称及各性别人数的统计数据透视图

4.2.3　使用"空白窗体"按钮创建窗体

使用"空白窗体"按钮创建窗体是在布局视图中创建数据表窗体。在使用"空白窗体"按钮创建窗体的同时，Access 打开用于创建窗体的数据源表，用户可以根据需要将表中的字段拖到窗体对应区域，从而完成创建窗体的工作。

【例 4.7】　以"住院病人信息表"为数据源，使用"空白窗体"按钮创建显示"病人编码""病人姓名""病人性别""入院时间"字段的窗体，操作步骤如下。

① 在"创建"选项卡的"窗体"组中单击"空白窗体"按钮，打开"空白窗体"，同时打开"字段列表"窗格。

② 单击"字段列表"窗格中的"显示所有表"链接，单击"住院病人信息表"左侧的"+"按钮，展开该表所包含的字段，如图 4-18 所示。

图 4-18　空白窗体及"字段列表"窗格

③ 依次双击"住院病人信息表"中的"病人编码""病人姓名""病人性别""入院时间"字段。这些字段被添加到空白窗体中，且立即显示该表中的第一条记录。同时，"字段列表"窗格的布局从一个窗格变为两个小窗格："可用于此视图的字段"和"相关表中的可用字段"，如图 4-19 所示。

④ 关闭"字段列表"窗格，调整控件布局，保存该窗体并命名为"住院病人信息-空白窗体"，生成的窗体如图 4-20 所示。

图 4-19　"字段列表"窗格

图 4-20　使用"空白窗体"按钮创建的窗体

一般来说，当要创建的窗体只需要显示数据表中的某些字段时，使用"空白窗体"按钮创建很方便。

4.2.4 使用"窗体向导"创建窗体

使用"窗体"按钮、"其他窗体"按钮创建窗体虽然方便、快捷，但是创建的窗体在内容和形式上均受到很大的限制，不能满足用户自主选择显示内容和显示方式的要求。因此，可以使用"窗体向导"创建窗体。

1. 创建基于单个数据源的窗体

【例 4.8】 使用"窗体向导"创建"住院病人信息"窗体，要求窗体布局为"纵栏表"，窗体显示"住院病人信息表"中的所有字段，操作步骤如下。

① 打开"住院管理信息"数据库，单击"创建"选项卡中"窗体"组中的"窗体向导"按钮，打开"窗体向导"的第一个对话框。

② 选择窗体数据源。在"表/查询"下拉列表框中选中"表：住院病人信息表"，依次双击左侧"可用字段"列表框中的所有字段名称或单击 » 按钮，将该表中的所有字段添加到"选定字段"列表框中，如图 4-21 所示。单击"下一步"按钮，打开"窗体向导"的第二个对话框。

③ 确定窗体的使用布局。在对话框右侧单选按钮组中选择"纵栏表"，如图 4-22 所示。单击"下一步"按钮，打开"窗体向导"的最后一个对话框。

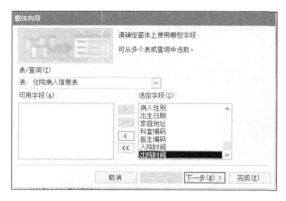

图 4-21 选定字段

图 4-22 选定布局

④ 在该对话框中指定窗体名称为"住院病人信息-窗体向导"，单击"完成"按钮。此时，可以看到所建的窗体，如图 4-23 所示。

使用"窗体向导"创建窗体后，若没有自定义窗体名称，则 Access 将自动为窗体命名。如果要自定义名称，可在关闭该窗体后在导航窗格中对窗体进行重命名。

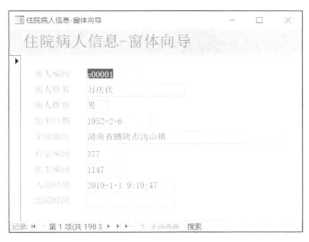

图 4-23　使用"窗体向导"创建的窗体

2. 创建基于多个数据源的窗体

使用"窗体向导"按钮可以创建基于多个数据源的窗体，所建窗体称为主/子窗体。

【例 4.9】　使用"窗体向导"按钮创建窗体，显示所有病人的"病人编码""病人姓名""病人性别""入院时间"字段和费用详情，操作步骤如下。

① 打开"住院管理信息"数据库，单击"创建"选项卡"窗体"组中的"窗体向导"按钮，打开"窗体向导"的第一个对话框。

② 选择数据源。在"表/查询"下拉列表框中选择"表：住院病人信息表"，依次双击"病人编码""病人姓名""病人性别""入院时间"字段，将它们添加到"选定字段"列表框中，然后选择"表：住院费用信息表"，使用相同的方法将该表中的"项目名称""规格""单价""数量""剂数""金额"添加到"选定字段"列表框中，如图 4-24 所示。单击"下一步"按钮，打开"窗体向导"的第二个对话框。

③ 确定查看数据的方式。在该对话框的左侧选择"通过　住院病人信息表"查看数据方式（即以"住院病人信息表"的字段作为主窗体字段进行显示，主窗体中为单条记录，子窗体中为该记录的多条相关费用信息），再选中"带有子窗体的窗体"单选按钮，如图 4-25 所示。单击"下一步"按钮，打开"窗体向导"的第三个对话框。

④ 指定子窗体所用布局。选中"数据表"单选按钮，如图 4-26 所示。单击"下一步"按钮，在"窗体向导"的最后一个对话框中指定窗体名称为"住院病人信息表-主子窗体"及子窗体名称为"住院费用信息表 子窗体"。

⑤ 单击"完成"按钮，创建的窗体如图 4-27 所示。在窗体的设计视图中，可以根据需要修改各控件的布局及大小。

在此例中，数据来源于两个表且通过"病人编码"字段已创建表间关联，所以这两个表之间存在主从关系，选择不同的查看数据方式会产生不同结构的窗体。例如，步骤③中选择了以"通过 住院病人信息表"查看数据方式，因此所建窗体中主窗体显示"住院病人信息表"记录，子窗体显示"住院费用信息表"记录。如果选择"通过 住院费用信息表"查看数据方式，则将创建单一窗体，该窗体将显示两个数据源链接后产生的所有记录。如果存在"一对多"关系的两个表已经分别创建了窗体，则可以将"多"端窗体添加到"一"端窗体中，使其成为子窗体。

图 4-24　选定字段

图 4-25　选择查看数据的方式及子窗体形式

图 4-26　确定子窗体使用的布局

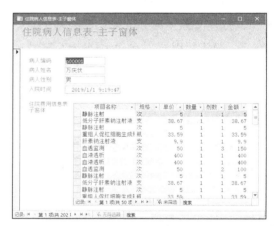

图 4-27　主/子窗体的创建效果

【例 4.10】　将例 4.9 中生成的"住院费用信息表 子窗体"（即包含项目名称、规格、单价、数量、剂数、金额的住院费用数据表窗体）设置为例 4.8 中的子窗体，操作步骤如下。

①　在导航窗格中，用鼠标右键单击"住院病人信息"窗体，从弹出的快捷菜单中执行"设计视图"命令，打开设计视图。在设计视图中适当地调整各控件的大小和位置。

②　将导航窗格中的"住院费用信息表 子窗体"直接拖曳到主窗体的适当位置上。或者单击"设计"选项卡中的"子窗体/子报表"控件，在主窗体拖动鼠标左键绘制一个子窗体，在自动弹出的"子窗体向导"对话框中选中"使用现有的窗体"单选按钮，选择"住院费用

信息表　子窗体"，单击"完成"按钮。Access 将在主窗体中添加子窗体控件，并将该控件
与"住院费用信息表　子窗体"进行绑定。

③ 切换到窗体视图，可以看到图 4-28 所示的窗体。

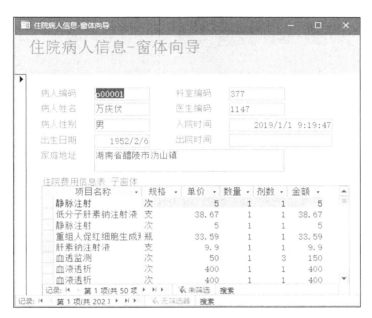

图 4-28　　"住院病人信息-窗体向导"与"住院费用信息表　子窗体"合并后的主/子窗体

4.3　设 计 窗 体

在创建窗体的各种方法中，更常用的是使用窗体设计视图，这种方法更灵
活。利用窗体设计视图，可以根据实际需要创建相应类别的窗体，可以完全
控制窗体的布局和外观，如准确地将控件创建在合适的位置并设置格式，以
达到满意的效果。

设计窗体

4.3.1　窗体的设计视图

在 Access 菜单栏中单击"插入"选项卡下"窗体"组中的"窗体设计"按钮，可以打开
窗体的设计视图。

1. 设计视图的组成

窗体设计视图由 5 部分组成，分别是主体、窗体页眉、页面页眉、页面页脚和窗体页脚，
每部分都统称为节。

（1）窗体页眉：位于窗体顶部，一般用于设置窗体的标题、窗体使用说明或打开相关窗体及执行其他功能的命令按钮等。

（2）窗体页脚：位于窗体底部，一般用于显示对所有记录都要显示的内容、命令的操作说明等信息，也可以设置命令按钮，以便进行必要的控制。

（3）页面页眉：一般用来设置窗体在打印时的页头信息，例如标题、用户要在每一页上方显示的内容等。

（4）页面页脚：一般用来设置窗体在打印时的页脚信息，例如日期、页码或用户要在每页下方显示的内容。

（5）主体：通常用来显示记录数据，可以只显示一条记录，也可以显示多条记录。

默认情况下，窗体设计视图中只显示"主体"节，如图 4-29 所示。若要显示其他 4 个节，需要用鼠标右键单击"主体"节的空白区域，在弹出的快捷菜单中执行"窗体页眉/页脚"命令和"页面页眉/页脚"命令，效果如图 4-30 所示。

图 4-29　默认的窗体设计视图

图 4-30　窗体设计视图的组成

2. "窗体设计工具"选项卡

打开窗体设计视图后，在功能区中会出现"窗体设计工具"选项卡。该选项卡由"设计""排列""格式"3 个子选项卡组成。其中，"设计"选项卡提供了设计窗体时会用到的主要工具，包括"视图""主题""控件""页眉/页脚"及"工具"5 个组，如图 4-31 所示。这5 个组的基本功能如表 4-1 所示。

图 4-31　"窗体设计工具"选项卡

表 4-1　　　　　　　　　　　　　　窗体"设计"选项卡的基本功能

组　名　称	功　　　能
视图	带有下拉列表的"视图"按钮。直接单击该按钮，可切换窗体视图和布局视图，单击其下方的下拉按钮，可以选择进入其他视图
主题	可设置整个应用系统的视觉外观，包括"主题""颜色""字体"3 个按钮。单击每一个按钮，均可以打开相应的下拉列表，进而在下拉列表中执行命令进行相应的格式设置
控件	控件是设计窗体的主要工具，由多类控件组成。限于"控件组"的大小，在"控件"组中不能一屏显示出所有控件。单击"控件"组右侧下方的"其他"按钮，可以打开"控件"对话框
页眉/页脚	用于设置窗体页眉/页脚和页面页眉/页脚
工具	提供设置窗体及控件属性等的相关工具，包括"添加现有字段""属性表""Tab 键次序"等按钮。单击"属性表"按钮可以打开/关闭"属性表"窗格

3. "字段列表"窗格

在多数情况下，窗体都是基于某些表或查询建立起来的，因此在窗体内控件通常显示的是表或查询中的字段值。单击"工具"组中的"字段列表"按钮，可以打开"字段列表"窗格。单击表名称左侧的"+"按钮，可以展开该表所包含的字段，如图 4-32 所示。

在创建窗体时，如果需要在窗体内使用控件来显示"字段列表"窗格中的某字段值，则可以在"字段列表"窗格中双击该字段或按住鼠标左键将其拖至窗体内，窗体会根据字段的数据类型自动创建相应类型的控件，并与此字段关联。例如，拖到窗体内的字段是"文本型"，将创建一个文本框来显示此字段值。注意，只有当窗体绑定了数据源后，所选"字段列表"窗格内的字段才有效。

图 4-32　　"字段列表"窗格

4.3.2　常用控件的功能

控件是窗体中的对象，在窗体中起着显示数据、执行操作及修饰窗体的作用。"控件"组提供了窗体设计中用到的控件，常用的控件包括：标签、文本框、选项组、列表框、组合框、按钮、复选框、切换按钮、选项按钮、选项卡、图像等，各种控件都可以从"控件"组中访问。常用控件按钮的基本功能如表 4-2 所示。

表 4-2　　　　　　　　　　　　　常用控件按钮的基本功能

按　　钮	名　　称	功　　　能
	选择	用于选取控件、节或窗体。单击该按钮可以释放以前锁定的按钮
	使用"控件向导"	用于打开或关闭"控件向导"。使用"控件向导"可以创建列表框、组合框、选项组、按钮、图表、子窗体或子报表。要使用向导来创建这些控件，必须单击"使用'控件向导'"按钮

按　　钮	名　　称	功　　能
Aa	标签	用于显示说明文本的控件，如窗体上的标题或指示文字。Access 会自动为创建的控件附加标签
abl	文本框	用于显示、输入或编辑窗体的基础记录源数据，显示计算结果，或接收用户输入的数据
XYZ	选项组	与复选框、选项按钮或切换按钮搭配使用，可以显示一组可选值
	切换按钮	可作为绑定到"是/否型"字段的独立控件，或可作为未绑定控件用来接收用户在自定义对话框中输入的数据，或者作为选项组的一部分
◉	选项按钮	可作为绑定到"是/否型"字段的独立控件，也可作为未绑定控件用于接收用户在自定义对话框中输入的数据，或者作为选项组的一部分
✓	复选框	可作为绑定到"是/否型"字段的独立控件，也可作为未绑定控件用于接收用户在自定义对话框中输入的数据，或者作为选项组的一部分
	组合框	该控件具有列表框和文本框的特性，既可以在文本框中输入文字，也可以在列表框中选择输入项，然后将值添加到字段中
	列表框	显示可滚动的数值列表。在窗体视图中，可以从列表框中选择值输入新记录中，或者更改现有记录中的值
XXXX	按钮	用于被单击触发执行各种操作任务，如查找记录、打印记录或应用窗体筛选等
	图像	用于在窗体中显示静态图片。由于静态图片并非 OLE 对象，所以一旦将图片添加到窗体或报表中，便不能在 Access 内进行图片编辑
	未绑定对象框	用于在窗体中显示未绑定 OLE 对象（如 Excel 电子表格）。当在记录间移动时，该对象将保持不变
XYZ	绑定对象框	用于在窗体或报表上显示绑定的 OLE 对象。例如一系列的图片。该控件针对的是保存在窗体或报表基础记录源字段中的对象。当在记录间移动时，不同的对象将显示在窗体或报表上
	插入分页符	用于在窗体上插入一个新的界面，或在打印窗体上插入一个新页
	选项卡控件	用于创建一个多页的选项卡窗体或选项卡对话框。在选项卡控件中可以复制或添加其他控件
	子窗体/子报表	用于显示来自多个表的数据
	直线	用于突出相关的或特别重要的信息
	矩形	用于添加矩形图形效果。例如，在窗体中将一组相关的控件组织在一起，以增强美观性等，便可以使用该控件
ᘐ	ActiveX 控件	是由 Access 提供的可重用的软件组件。使用 ActiveX 控件可以很快地在窗体中创建具有特殊功能的控件

　　在窗体中添加的每一个对象都是控件。例如，在窗体中使用文本框显示数据、单击命令按钮打开另一个窗体以及使用直线或矩形来分隔与组织控件，以增强它们的可读性等。

　　控件的类型分为绑定型、未绑定型和计算型 3 种。绑定型控件主要用于显示、输入、更新数据表中的字段；未绑定型控件没有数据来源，可以用来显示和输入信息；计算型控件以表达式作为数据源，表达式可以利用窗体或报表所引用的表或查询中的数据进行计算，也可以利用窗体或报表上的其他控件中的数据进行计算。

1. 标签控件

标签主要用来在窗体或报表上显示说明性文本。例如，图 4-33 所示窗体左上角的"病人编码""病人姓名"等文本提示都是应用了标签控件。标签不显示字段或表达式的数值，它没有数据来源。当从一条记录移到另一条记录时，标签的值不会改变。在实际应用中，可以将标签附加到其他控件上，也可以使用标签控件创建独立的标签（又称为单独的标签），但独立创建的标签在数据表视图中并不显示。

图 4-33　常用控件示意图

2. 文本框控件

文本框主要用来输入或编辑数据，它是一种交互式控件。文本框分为 3 种类型：绑定型、未绑定型和计算型。绑定型文本框能够从表、查询或 SQL 语句中获得需要的内容；未绑定型文本框并没有链接某一字段，一般用来显示提示信息或接收用户输入的数据等；计算型文本框可以显示表达式的结果，当表达式发生变化时，数值会被重新计算。

3. 选项组控件

选项组是由一个组框架及一组复选框、选项按钮或切换按钮组成的，如图 4-33 所示。只要单击选项组中所需要的值，就可以为字段选定数据值。在选项组中每次只能选择一个选项。

如果选项组绑定了某个字段，则只有组框架本身绑定此字段，而不是组框架内的复选框、选项按钮或切换按钮。选项组可以设置为表达式或未绑定选项组，也可以在自定义对话框中使用未绑定选项组来接收用户的输入，然后根据输入的内容来执行相应的操作。

4. 列表框与组合框控件

如果在窗体中输入的数据总是取自某一个表或查询中记录的数据，或者取自某固定内容的数据，那么可以使用组合框或列表框控件来完成。这样既可以保证输入数据的正确性，也可以提高输入数据的效率。例如，在输入病人性别时，该字段包括"男"和"女"。若将这些值放在组合框或列表框中，用户只需单击即可完成数据输入。

窗体中的列表框可以包含一列或几列数据，用户只能从列表框中选择值，而不能输入新值。图 4-33 所示"病人性别"字段值的输入使用的便是列表框。

组合框的列表是由多行数据组成的，一般只显示一行，如图 4-33 中的"科室名称"字段。当需要选择其他数据时，可以单击右侧的下拉按钮。用户使用组合框，既可以进行选择，也可以输入数据，这也是组合框和列表框的区别。

5．按钮控件

在窗体中可以使用命令按钮来执行某项操作或某些操作。例如，"确定""取消""关闭"。图 4-33 所示的"添加记录""前一项记录""删除记录"等都是命令按钮。使用 Access 提供的"命令按钮向导"对话框可以创建 30 多种不同类型的命令按钮。

6．复选框、切换按钮和选项按钮控件

复选框、切换按钮和选项按钮可作为单独的控件来显示表或查询中"是"或"否"的值。当勾选复选框或选中选项按钮时，表示设置值为"是"，反之为"否"。对于切换按钮，如果按下切换按钮，其值为"是"，否则其值为"否"。这 3 种控件的示意图如图 4-34 所示。

图 4-34 切换按钮等控件的示意图

7．选项卡控件

当窗体中的内容较多且无法在一页内全部显示时，可以使用选项卡进行分页。操作时只需单击选项卡上的标签名，就可以在多个选项卡间进行切换。选项卡控件主要用于将多个不同格式的数据操作窗体封装在选项卡中，或者说，它能够使选项卡中包含多个数据操作窗体，且在每个窗体中又可以包含若干个控件，如图 4-35 所示。

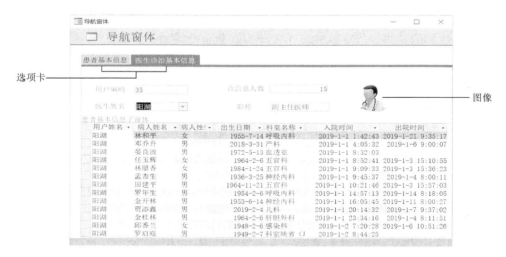

图 4-35 选项卡控件和图像控件

8. 图像控件

在窗体中用图像控件显示图片等，可以使窗体更加美观，如图 4-35 所示。图像控件包括图片、图片类型、超链接地址、可见性、位置及大小等属性，设置时用户可以根据需要进行调整。

4.3.3　常用控件的使用

1. 控件的基本操作

窗体的布局主要取决于窗体中的控件。在 Access 中，窗体中的每个控件都被看作是一个独立的对象，用户可以单击控件进行选择，被选中的控件四周将出现小方块状的控制柄。此时，可以将鼠标指针放置在控制柄上拖曳以调整控件的大小，也可以将鼠标指针放置在控件左上角的移动控制柄上拖曳来移动控件。如果要改变控件的类型，则需先选中该控件，然后单击鼠标右键，在弹出的快捷菜单中执行"更改为"级联菜单中所需的新控件类型命令。如果希望删除不需要的控件，则可以选中要删除的控件，并单击鼠标右键，在弹出的快捷菜单中执行"删除"命令，或者选中控件后按 Delete 键。

2. 窗体和控件的属性

属性用于决定表、查询、字段、窗体及报表的特性。窗体及窗体中的每一个控件都具有各自的属性，这些属性决定了窗体和控件的外观、所包含的数据，以及对鼠标或键盘事件的响应。

在窗体设计视图中，窗体和控件的属性可以在"属性表"窗格中进行设置。单击"工具"组中的"属性表"按钮或单击鼠标右键，从弹出的快捷菜单中选择"属性"命令，打开"属性表"窗格，如图 4-36 所示。

"属性表"窗格上方的下拉列表框是当前窗体上所有对象的列表框，可以从中选择要设置属性的对象，也可以直接在窗体上选中对象，那么该下拉列表框将显示被选中对象的控件名称。"属性表"窗格包含 5 个选项卡，分别是"格式""数据""事件""其他""全部"。在"属性表"窗格中设置某一属性时，先单击要设置的属性，然后在属性框中输入设置值或表达式。如果属性框中显示有下拉按钮，如图 4-37 所示的"记录源"属性右侧的下拉按钮，可单击该按钮从下拉列表中选择一项。如果属性框右侧有"生成器"按钮，如图 4-37 所示的"记录源"属性最右侧的按钮，单击该按钮，会显示一个生成器或显示选择生成器的对话框，通过该生成器可以设置其属性。在"属性表"窗格中，涉及窗体和控件格式、数据等选项卡的属性较多，下面仅简单介绍几种常用的属性。

① 常用的"格式"选项卡属性。"格式"选项卡属性主要用于设置窗体和控件的外观或显示格式。控件的"格式"选项卡属性包括标题、可见性、字体名称、字号、字体粗细、倾斜字体、前景色、背景色、特殊效果等。控件中的"标题"属性用于设置控件中显示的文

字；"前景色"和"背景色"属性分别用于设置控件中显示文字的颜色和设置控件的底色；"字体名称""字号""字体粗细""倾斜字体"等属性用于设置控件中所显示文字的相应格式效果。

图 4-36　"属性表"窗格

图 4-37　窗体的"数据"选项卡

窗体的"格式"选项卡属性包括标题、默认视图、滚动条、记录选择器、导航按钮、分隔线、自动居中、最大/最小化按钮、关闭按钮、边框样式等。窗体中的"标题"属性用于设置窗体标题栏上显示的文字。"滚动条"属性值决定了窗体显示时是否有窗体滚动条，可从"两者均无""只水平""只垂直""两者都有"4 个选项中选择一种。"记录选择器"属性有两个值："是"和"否"，它决定窗体显示时是否有记录选择器，即数据表最左端是否有标志块。"导航按钮"属性有两个值："是"和"否"，它决定窗体运行时是否有导航按钮，一般如果不需要数据导航或在窗体本身设置了数据浏览命令按钮时，该属性的值应设置为"否"，这样可以增加窗体的可读性。"分隔线"属性有两个值："是"和"否"，它决定窗体显示时是否显示窗体各节间的分隔线。"最大/最小化按钮"属性决定是否使用 Windows 标准的最大化按钮和最小化按钮。

② 常用的"数据"选项卡属性。"数据"选项卡属性决定了一个控件或窗体中的数据源及操作数据的规则，而这些数据均为绑定在控件上的数据。控件的"数据"选项卡属性包括控件来源、输入掩码、有效性规则、有效性文本、默认值、是否有效、是否锁定等。

"控件来源"属性用来告知 Access 如何检索或保存在窗体中要显示的数据，如果控件来源中包含一个字段名，那么在控件中显示的就是数据表中该字段的值，对窗体中的数据进行的任何修改都会被写入字段中；如果设置该属性值为空，除非编写程序，否则在窗体控件中显示的数据将不会写入数据表中的字段中。如果该控件含有一个计算表达式，那么这个控件会显示计算结果。

③ 常用的"其他"选项卡属性。控件的"其他"属性包括名称、状态栏文字、自动 Tab 键、Tab 键索引控件提示文本等。窗体的每一个对象都有名称，由"名称"属性定义。若在程序中指定或使用某个对象，可以使用该名称进行选取，且控件的名称必须是唯一的。

4.3.4 实例讲解

在设计视图中，可以运用多种控件创建窗体，下面结合实例详细介绍。

【例 4.11】 基于"住院管理信息"数据库，运用设计视图创建图 4-38 所示的窗体，窗体名为"住院病人信息表-新增"，具体要求如下。

实例讲解

（1）依图分析窗体中各节的内容。

（2）在窗体中添加标题与副标题。

（3）"住院天数"由"入院时间"和"出院时间"计算而来；"病人性别"字段使用列表框控件，"科室名称"字段使用组合框控件。

（4）在窗体中添加按钮，分别实现浏览前一项记录、下一项记录及添加记录、删除记录的功能。

图 4-38 "住院病人信息表-新增"窗体

操作步骤如下。

（1）使用设计视图创建窗体

① 单击"创建"选项卡→"窗体"组→"窗体设计"按钮，进入窗体的设计视图。

② 在"主体"节上单击鼠标右键，从弹出的快捷菜单中执行"窗体页眉/页脚"命令，窗体的设计视图中将会出现窗体页眉节和窗体页脚节。

（2）添加标题

① 单击"设计"选项卡→"页眉/页脚"组→"标题"按钮，窗体页眉节中会添加一个

新标签控件，输入标题文字"患者住院基本信息"。

② 单击"设计"选项卡→"控件"组→"标签"按钮，在窗体页眉节中按住鼠标左键，拖动鼠标绘制一个方框，释放鼠标后即可创建一个标签控件，输入"——H 省中医药某附属医院住院部"文本，并将该标签控件格式属性中的"前景色"属性设置为"黑色文本"。

③ 调整标题和标签控件的大小，创建好的窗体页眉节如图 4-39 所示。

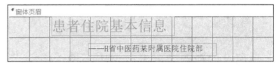

图 4-39　窗体页眉

（3）创建绑定型文本框

① 单击"工具"组中的"属性表"按钮，将"属性表"窗格中"所选内容的类型"设置为"窗体"，即在"属性表"窗格上方的下拉列表框中选择"窗体"；将"窗体"控件的"记录源"设置为"病人基本信息表"。

② 单击"工具"组中的"添加现有字段"按钮，"字段列表"窗格中将显示可用于此视图的字段，即"病人基本信息表"记录源中的所有字段，将"病人编码""病人姓名""病人性别""入院时间""出院时间""家庭住址""医生编码""科室编码"字段拖曳到窗体的主体节或在"字段列表"中双击相应的字段，适当调整窗体内各控件的大小和位置。

将字段添加到窗体中后，默认使用的是文本框控件，如图 4-40 所示。注意：文本框包含两个部分，默认左侧是标签，右侧是数据框，可通过"属性表"窗格查看 Access 为其创建的默认控件名称、标题、数据来源等属性。

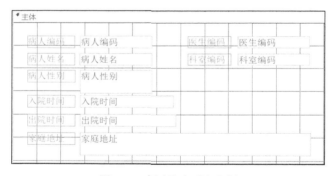

图 4-40　创建绑定型文本框

（4）添加"性别"列表框控件

① 在"设计"选项卡→"控件"组中，确保选中了"使用控件向导"选项。

② 单击"设计"选项卡→"控件"组→"列表框"按钮，在窗体中单击要放置列表框的位置，会出现"列表框向导"对话框，在其中选中"自行键入所需的值"单选按钮，如图 4-41 所示，单击"下一步"按钮。

③ 在打开的对话框中，在"第 1 列"的前两行中分别输入"男""女"，如图 4-42 所示，单击"下一步"按钮。

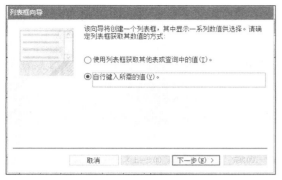 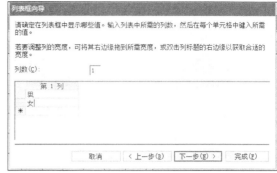

图 4-41 设置列表框获取数据的方式　　　　　　图 4-42 设置选项值

④ 在打开的对话框中，选中"将该数值保存在这个字段中"单选按钮，在其右侧的下拉列表框中选择"病人性别"字段，如图 4-43 所示，单击"下一步"按钮。

⑤ 为列表框指定标签为"病人性别"，单击"完成"按钮。

（5）添加"住院时间"计算型文本框控件

① 单击"设计"选项卡→"控件"组→"文本框"按钮，将鼠标指针定位在窗体中要放置文本框的位置，单击以插入文本框。如果弹出"文本框向导"对话框，关闭即可。把文本框左侧标签控件中的文字改为"住院天数"。

② 选中该文本框后，在"属性表"窗格→"数据"选项卡→"控件来源"属性中，输入表达式"=DateDiff("d",[入院时间],[出院时间])"，也可以使用"表达式生成器"创建表达式，即单击"控件来源"属性框右侧的"表达式生成器"按钮，在"表达式生成器"对话框中借助当前窗体的字段名称创建，如图 4-44 所示。

图 4-43 设置保存的字段　　　　　　图 4-44 设置计算型文本框的计算表达式

（6）添加"科室名称"组合框控件

① 单击"设计"选项卡→"控件"组→"组合框"按钮，在窗体中单击要放置列表框

的位置，会出现"组合框向导"对话框，在其中选中"使用组合框获取其他表或查询中的值"单选按钮，如图 4-45 所示，单击"下一步"按钮。

② 在打开的对话框中，选择为组合框提供数据的表或查询，选择"表:住院科室信息表"，如图 4-46 所示，单击"下一步"按钮。

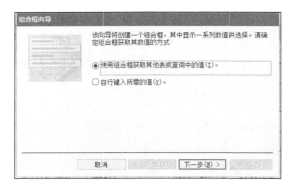

图 4-45　设置组合框获取数据的方式

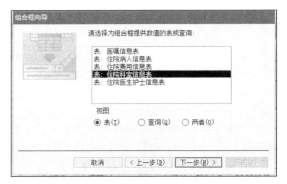

图 4-46　设置数据来源

③ 在打开的对话框中，在"可用字段"列表框内依次双击"科室编码""科室名称"字段，或单击 >> 按钮，单击"下一步"按钮。

④ 确定列表框中项的排序次序。选择"科室名称"，"升序"排序，如图 4-47 所示，单击"下一步"按钮。

⑤ 在打开的对话框中，调整列的宽度，保持默认值，单击"下一步"按钮。选择一个可唯一标识组合框每一行的字段，且选中"将该数值保存在这个字段中"单选按钮，在其右侧的下拉列表框中选择"科室编码"，如图 4-48 所示，单击"下一步"按钮。

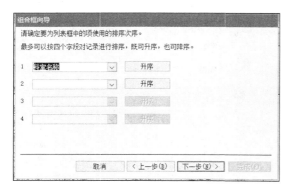

图 4-47　设置数据排序方式

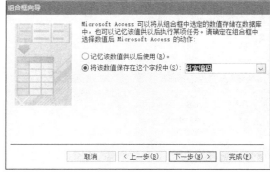

图 4-48　选择用于保存组合框数值的字段

⑥ 将组合框指定标签修改为"科室名称"，单击"完成"按钮。

（7）添加命令按钮控件

① 在"设计"选项卡→"控件"组中，确保选中了"使用控件向导"选项。

② 单击"设计"选项卡→"控件"组→"按钮"按钮，单击"主体"节中要放置按钮

的位置，会出现"命令按钮向导"对话框。在该对话框的"类别"列表框中列出了可供选择的操作类别，在"操作"列表框中则包含每个类别所对应的多种不同的操作指令。这里在"类别"列表框中选择"记录操作"，在"操作"列表框中选择"添加新记录"，如图 4-49 所示，单击"下一步"按钮。

图 4-49　设置要添加命令按钮的类别

③ 在打开的对话框中，选中"文本"单选按钮，并在其右侧文本框中输入按钮的显示文字，默认为"添加记录"，如图 4-50 所示，单击"下一步"按钮。

④ 在打开的对话框中，为命令按钮命名，以方便以后的使用。这里将按钮命名为"添加记录"，如图 4-51 所示，单击"完成"按钮。

图 4-50　设置控件的显示内容

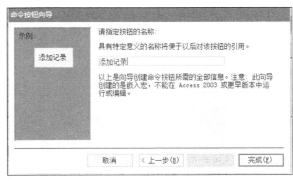

图 4-51　设置命令按钮的名称

⑤ 使用类似的方法，为该窗体添加"前一项记录"命令按钮、"下一项记录"命令按钮和"删除记录"命令按钮。

（8）调整窗体中的所有控件

在调整窗体中控件的布局时，可依次调整单个控件的大小和位置，也可选中多个控件，单击"排列"选项卡→"调整大小和排序"组→"大小/空格"和"对齐"按钮，统一调整这些控件的大小、间距和对齐方式。

（9）保存窗体

保存窗体，将其命名为"住院病人信息表-新增"。

【例4.12】 基于"住院管理信息"数据库，以"住院医生护士信息表""住院病人信息表"作为数据源，创建"医生诊治基本信息"主/子窗体和导航窗体，如图 4-52 和图 4-53 所示。具体要求如下。

（1）在主窗体中显示医生基本信息和诊治总人数，在子窗体中显示医生所诊治患者的基本信息。

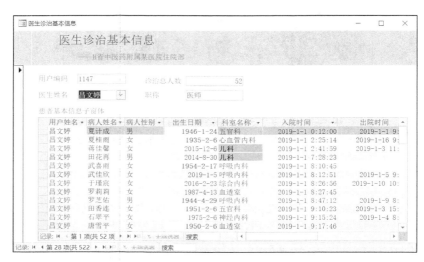

图 4-52 "医生诊治基本信息"主/子窗体

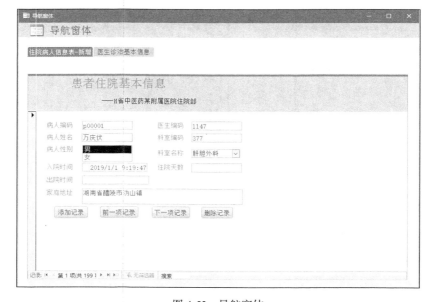

图 4-53 导航窗体

（2）创建基于医生姓名查询与患者相关信息的功能。

（3）设置"出生日期"字段条件格式，将 60 岁以上老年患者，用红色、加粗的格式显示；设置"科室名称"字段的条件格式，将"儿科"患者，用加粗并加灰色背景色的格式显示，如图 4-52 所示。

（4）创建导航窗体，组合例 4.11 和例 4.12 的两个窗体，并默认在数据库打开时显示，如图 4-53 所示。

操作步骤如下。

（1）创建查询

打开"住院管理信息"数据库，创建查询，依次包含"住院医生护士信息表"中的"用户姓名"，"住院病人信息表"中的"病人姓名""病人性别""出生日期""入院时间""出院时间"，"住院科室信息表"中的"科室名称"，以便创建图 4-52 所示的子窗体。保存该查询，如图 4-54 所示。

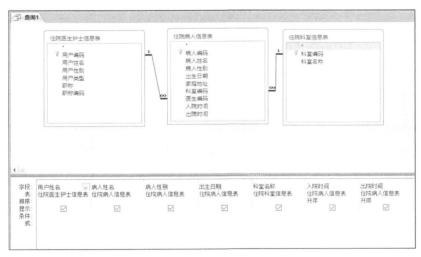

图 4-54　创建查询

（2）创建窗体页眉

在"设计"选项卡的"页眉/页脚"组中，单击"标题"按钮并设置标题内容为"医生诊治基本信息"。从"控件"组中选择并添加标签控件，标题为"——H 省中医药某附属医院住院部"。

（3）创建主窗体

① 在设计视图中的"设计"选项卡中单击"属性表"按钮，在"属性表"窗格上方的下拉列表框中选择"窗体"。将"记录源"设置为"住院医生护士信息表"。在"设计"选项卡中单击"添加现有字段"按钮，打开"字段列表"窗格，双击"用户编码""职称"字段，将它们从"字段列表"窗格添加到窗体主体节中。

② 单击"设计"选项卡→"控件"组→"组合框"按钮，使用"组合框向导"对话框创建"医生姓名"组合框。在"组合框向导"的第 1 个对话框中，选中第三个单选按钮，"在基于组合框中选定的值而创建的窗体上查找记录"，单击"下一步"按钮，如图 4-55 所示。如果在该对话框中看不到第三个单选按钮，请检查窗体"记录源"属性是否已设置为"住院医生护士信息表"。

③ 在打开的对话框中，双击"可用字段"列表框中的"用户姓名"字段，将其添加到"选定字段"列表框中，如图 4-56 所示。单击"下一步"按钮，使用默认设置。

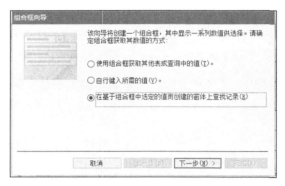

图 4-55　选择组合框获取数据的方式

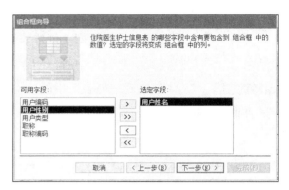

图 4-56　选定字段

④ 单击"下一步"按钮，将标签修改为"医生姓名"，单击"完成"按钮，完成设置。

（4）创建病人信息子窗体

① 在"设计"选项卡→"控件"组中，确保选中了"使用控件向导"选项。

② 单击"设计"选项卡→"控件"组→"子窗体/子报表"按钮，在窗体中单击要放置子窗体的位置，出现"子窗体向导"对话框。在该对话框中选中"使用现有的表和查询"单选按钮，如图 4-57 所示，单击"下一步"按钮。

③ 在打开的对话框中，在"可用字段"列表框中双击选择查询 1 中的所有字段，将其添加到"选定字段"列表框中，如图 4-58 所示，单击"下一步"按钮。

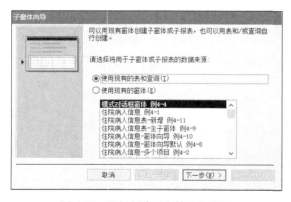

图 4-57　选择创建子窗体的数据源

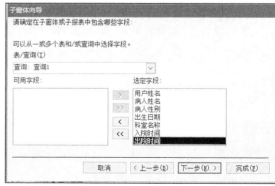

图 4-58　选择子窗体中需包含的字段

④ 在打开的对话框中，在"从列表中选择"状态下，选择"对 住院医生护士信息表　中的每个记录用 用户姓名 显示　查询1"选项，如图4-59所示，单击"下一步"按钮。

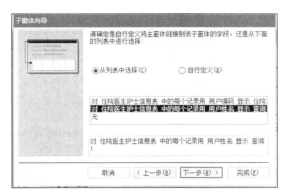

图 4-59　定义从主窗体链接到子窗体的字段

⑤ 在打开的对话框中，为子窗体指定名称为"患者基本信息子窗体"，单击"完成"按钮，保存主窗体为"医生诊治基本信息"。

（5）统计诊治总人数

① 在"患者基本信息子窗体"的窗体页脚节（或窗体页眉节）中，添加一个计算型文本框控件，设置该文本框控件的"名称"属性为"人数"、"控件来源"属性为"=Count([病人姓名])"，如图4-60所示，然后保存窗体。

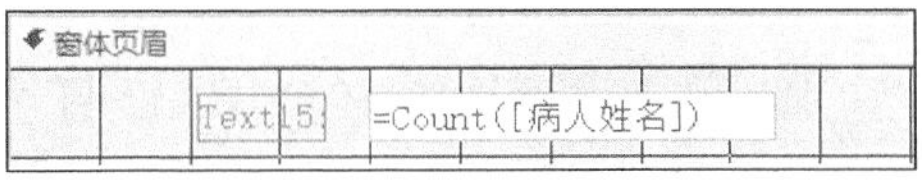

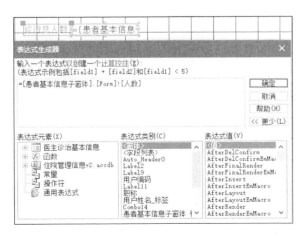

② 在主窗体中添加一个"诊治总人数"文本框控件，设置该文本框控件的"控件来源"属性为"=[患者基本信息子窗体].[Form]![人数]"来引用子窗体中的"人数"控件的值，也可以使用"表达式生成器"对话框完成设置，如图4-61所示。

图 4-60　添加并设置计算型文本框

图 4-61　在主窗体中添加"诊治总人数"文本框控件

至此，主/子窗体设计基本完成，如图 4-62 所示。

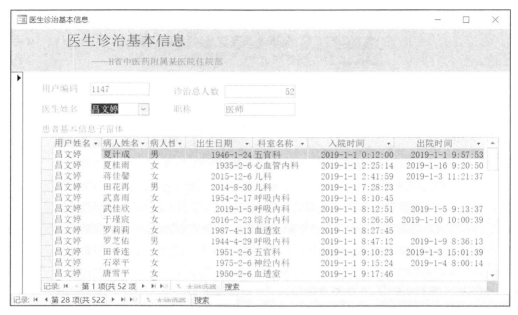

图 4-62 "医生诊治基本信息"窗体

（6）设置条件格式

① 单击设计视图中"出生日期"文本框控件的文本框，单击"窗体设计工具-格式"选项卡→"控件格式"组→"条件格式"按钮，在打开的"条件格式规则管理器"对话框中，在"显示其格式规则"中选择"出生日期"字段。

② 单击"新建规则"，在打开的"新建格式规则"对话框中设置规则为：字段值、小于、DateAdd("yyyy",-60,Date())，设置格式为"加粗"、字体颜色为"红色"，如图 4-63 所示。

图 4-63 设置"出生日期"条件格式

③ 单击设计视图中"科室名称"文本框控件的文本框，重复上述过程新建规则，在"显示其格式规则"中选择"科室名称"字段。单击"新建规则"，在"新建格式规则"对话框中设置规则为：字段值、等于、"儿科"，设置格式为"加粗"、字体颜色为"黑色"、背景色为"灰色"，如图 4-64 所示。

图 4-64　设置"科室名称"条件格式

（7）创建导航窗体

① 单击"创建"选项卡→"窗体"组→"导航"按钮，在出现的下拉列表中选择需要的标签样式（如"水平标签"），Access 会自动创建一个包含"导航"控件的窗体，并以布局视图显示，如图 4-65 所示。

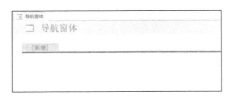

图 4-65　创建导航窗体

② 在导航窗体中，在"[新增]"按钮上逐个输入已创建的需添加的窗体名称，然后按 Enter 键，则前面创建过的窗体将自动添加并绑定到该选项上。如果 Access 没有自动添加，请检查导航条上的文字与前面已创建的窗体名称是否一致。或者，在导航窗格中选中需要添加的窗体，将其拖至相应的导航窗体上。

③ 如需删除导航按钮，则用鼠标右键单击需删除的导航按钮，在弹出的快捷菜单中执行"删除"命令。

④ 保存该导航窗体，将其命名为"导航窗体"。

⑤ 将导航窗体设置为默认显示窗体。执行"文件"→"选项"命令，在弹出的"Access 选项"对话框中，切换到"当前数据库"选项卡下，如图 4-66 所示。从"应用程序选项"下的"显示窗体"下拉列表框中选择"导航窗体"，将其作为默认显示窗体。

图 4-66　设置默认显示窗体

4.4　本　章　小　结

本章主要介绍了窗体的概念和功能、窗体和控件的创建及使用，并用"属性表"窗格对窗体和控件的属性进行设置，应用条件格式等功能进行窗体的修饰与设计。学习本章内容后，读者可以掌握窗体创建的基础操作，为进行数据库应用系统的设计和后续章节的学习奠定基础。

4.5　习　　　题

一、单选题

1. 下列不属于 Access 窗体视图的是（　　　）。

　　A. 窗体视图　　　　B. 布局视图　　　　C. 数据表视图　　　　D. 版式视图

2. 下列用于创建窗体或修改窗体的视图是（　　　）。

　　A. 窗体视图　　　　B. 布局视图　　　　C. 设计视图　　　　D. 数据表视图

3. 关于窗体，下列的说法不正确的是（　　　）。

　　A. 窗体是用来和数据库沟通的界面　　　　B. 窗体是数据库的对象之一

　　C．窗体仅用于显示数据　　　　　　D．窗体可以包含子窗体

4．在窗体中，用于输入或编辑字段数据的交互控件是（　　　　）。

　　A．文本框控件　　　B．标签控件　　　C．复选框控件　　　D．列表框控件

5．要改变窗体中文本框控件的数据来源，应设置的属性是（　　　　）。

　　A．记录源　　　　　B．控件来源　　　C．默认值　　　　　D．名称

6．关于组合框和列表框，下列叙述正确的是（　　　　）。

　　A．在组合框中能输入数据而在列表框中则不能

　　B．在列表框中能输入数据而在组合框中则不能

　　C．在列表框和组合框中可以包含一列或几列数据

　　D．在列表框和组合框中都可以输入数据

7．窗体是 Access 数据库中的一种对象。通过窗体，用户可以实现下列哪些功能？（　　　　）

　　① 输入数据　　　　② 编辑数据　　　③ 以行和列的形式显示数据

　　④ 存储数据　　　　⑤ 显示和查询表中的数据　　　　⑥ 导出数据

　　A．①②③　　　　　B．①②④　　　C．①②⑤　　　　　D．②③⑤

8．在窗体中创建标题，可以使用（　　　　）控件。

　　A．文本框　　　　　B．列表框　　　C．标签　　　　　　D．组合框

9．在窗体中，可以使用（　　　　）来执行某项操作或某些操作。

　　A．选项按钮　　　　B．复选框控件　　C．文本框控件　　D．命令按钮

10．在一个窗体中能显示多条记录内容的窗体是（　　　　）。

　　A．表格式窗体　　　　　　　　　　B．数据表窗体

　　C．数据透视表窗体　　　　　　　　D．纵栏式窗体

二、填空题

1．窗体的结构由_____、_____、_____、_____、_____5 个节组成，其中_____、_____只能打印不能显示。

2．窗体中的数据来源于 Access 数据库的_____和_____。

3．窗体中的窗体，称为_____。

4．在 Access 中，控件有_____、_____、_____3 种基本类型。

三、简答题

1．窗体的作用是什么？

2．什么是控件？Access 中有哪些常见的控件？

3．控件有哪些常见的属性？

4．用于创建主窗体和子窗体的表之间需要满足什么条件？如何设置主窗体和子窗体间的联系？

第5章
报表

报表是 Access 数据库中的一种对象，根据指定的规则打印输出格式化的数据。报表和窗体一样，都是由一系列控件组成的，数据来源于表、查询和 SQL 语句。不同之处在于，窗体可以与用户进行信息交互，而报表没有交互功能，只能用于查看数据，不能通过报表修改或输入数据，其本身也不存储数据。本章主要介绍报表的基本应用操作，如报表的创建、编辑、计算及报表的存储、预览和打印等内容。

本章的学习目标如下。

（1）了解报表的基本概念、类型、组成及视图。

（2）掌握 5 种创建报表的方法及报表的编辑方法。

（3）掌握报表的预览和打印方法。

（4）掌握报表记录的排序和分组方法。

（5）掌握报表的计算方法。

5.1 认识 Access 报表

5.1.1 报表的概念

报表主要用于对数据库中的数据进行格式化形式的输出。使用报表，可以进行分组汇总，可以嵌入图像和图片来丰富数据的表现形式，也可以采用多种样式打印输出数据信息，如标签、发票、订单和信封等，还可以简单、轻松地完成复杂的打印工作。

5.1.2 报表的类型

Access 报表类型包括纵栏式报表、表格式报表、图表报表和标签报表。

1. 纵栏式报表

纵栏式报表通常以垂直方式排列报表上的控件，在每一页包含一条或多条记录。纵栏式报表显示数据的方式类似于纵栏式窗体。

2. 表格式报表

表格式报表以整齐的行、列形式显示数据，通常一行显示一条记录，一页显示多条记录。

3. 图表报表

图表报表以图表形式显示信息，可以直观地展示数据的分析和统计信息。

4. 标签报表

标签报表是一种特殊类型的报表。在实际应用中，经常会用到标签，例如物品标签、客户标签等。

5.1.3　报表的组成

报表通常由报表页眉、报表页脚、页面页眉、页面页脚、组页眉、组页脚及主体 7 部分组成，这些部分称为报表的节，每个节具有其特定的功能。报表各节的分布如图 5-1 所示。

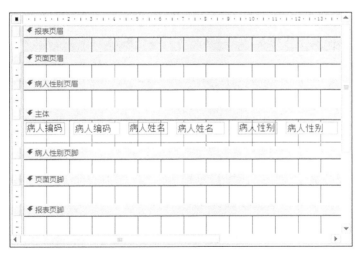

报表的组成

图 5-1　报表的组成

1. 报表页眉

报表页眉仅在报表的首页打印输出。报表页眉主要用于打印报表的封面、报表的制作时间、制作单位等只需输出一次的内容。通常，报表页眉被设置成单独一页，其中可以包含图形和图片。

2. 页面页眉

页面页眉的内容在报表每页顶部打印输出，主要用于定义报表输出每一列的标题，也包含报表的页标题。

3. 组页眉

组页眉在分组报表中显示在每一组开始的位置上，主要用来显示报表的分组信息。

4. 主体

主体是报表打印数据的主要部分。在报表设计时，可以将数据源中的字段直接拖至"主体"节中，或者将报表控件放至"主体"节中用来显示数据内容。"主体"节是报表中不可或缺的关键部分。

5. 组页脚

组页脚用来显示报表的分组信息，但它显示在每组结束的位置，主要用来显示报表分组统计等信息。

6. 页面页脚

页面页脚的内容在报表的每页底部打印输出，主要用来打印报表页号、制表人和审核人等信息。

7. 报表页脚

报表页脚是整个报表的页脚，主要用来打印数据的统计结果信息。它的内容只在报表最后一页的底部打印输出。

5.1.4 报表的视图

报表的视图

报表视图有 4 种，分别是报表视图、打印预览视图、布局视图和设计视图。打开任意报表，单击界面左上角的"视图"按钮，可以弹出图 5-2 所示的视图选择下拉列表。

1. 报表视图

报表视图是报表的显示视图，用于显示报表内容。在报表视图下，可以对报表中的记录进行筛选、查找等操作。

图 5-2　视图选择下拉列表

2. 打印预览

打印预览视图是报表运行时的显示方式，在该视图中，可以看到报表的打印外观。使用打印预览功能可以按不同的缩放比例对报表进行预览，并对页面进行设置。

3. 布局视图

布局视图是 Access 2010 中新增的一种视图，实际上是处在运行状态的报表显示方式。在布局视图中，在显示数据的同时，可以调整报表设计，也可以根据实际数据调整报表的列宽和位置，还可以向报表添加分组级别和汇总选项。

4. 设计视图

报表的设计视图用于报表的创建和修改，用户可以根据需要向报表中添加对象、设置对象的属性。报表设计完成后，保存在数据库中。

5.2　创　建　报　表

在 Access 中，创建报表的方法与创建窗体的基本相同，创建报表可以单击"报表""报表设计""空报表""报表向导""标签"5 个按钮中的一个即可。在"创建"选项卡的"报表"组中提供了这些创建报表的按钮，如图 5-3 所示。

图 5-3　创建报表的按钮

5.2.1　使用"报表"工具创建报表

"报表"组中提供了最快的报表创建方式——"报表"工具。使用此工具创建报表时既不会出现提示信息，也不需要进行复杂操作，在创建的报表中将显示基础表或查询中的所有字段。"报表"工具可能无法创建完全满足需要的报表，但对于需快速查看数据的情况，可以极为方便、快捷地生成报表。在生成报表后，保存该报表，并在布局视图或设计视图对其进行修改，可以使报表更好地满足要求。

【例 5.1】　以"住院病人信息表"为数据源，使用"报表"按钮创建报表，具体操作步骤如下。

① 打开"住院管理信息"数据库，在导航窗格中选中"住院病人信息表"，如图 5-4 所示。

② 在"创建"选项卡的"报表"组中单击"报表"按钮，"住院病人信息表"报表被立即生成，并切换到布局视图，如图 5-5 所示。

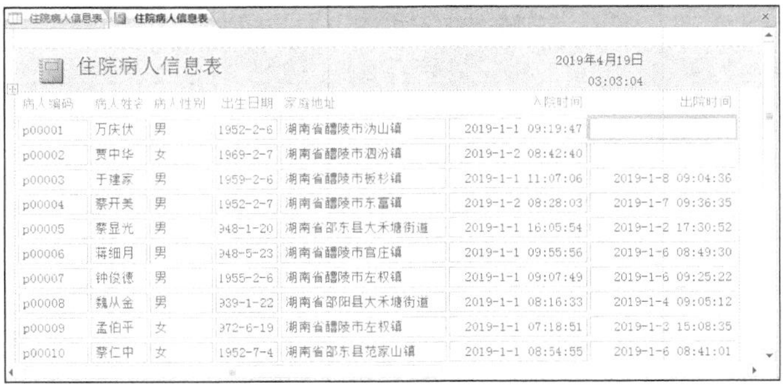

图 5-4　选中"住院病人信息表"

图 5-5　使用"报表"工具创建的报表

③ 单击"保存"按钮，弹出图 5-6 所示的对话框，其中默认报表名称为"报表 1"（若想要修改，可以直接在文本框中输入报表名称），单击"确定"按钮，保存创建的报表。

图 5-6　保存报表对话框

5.2.2　使用"报表设计"工具创建报表

使用"报表"工具可以创建一种标准化的报表样式，但是不能自由选择报表字段，缺乏灵活性。而使用"报表设计"工具，在设计视图下则可以灵活创建和修改各种报表。

【例 5.2】　使用"报表设计"按钮来创建"住院病人名单"报表，具体操作步骤如下。

① 打开"住院管理信息"数据库，在导航窗格中选中"住院病人信息表"。

② 在"创建"选项卡的"报表"组中单击"报表设计"按钮，切换到设计视图，如图 5-7 所示。

图 5-7　报表设计视图

③ 在网格右侧区域内单击鼠标右键，在弹出的快捷菜单中执行"属性"命令，打开"属性表"窗格，如图 5-8 和图 5-9 所示。

④ 在"属性表"窗格中切换到"数据"选项卡，单击"记录源"右侧的■按钮，打开查询生成器及"显示表"对话框，如图 5-10 所示。

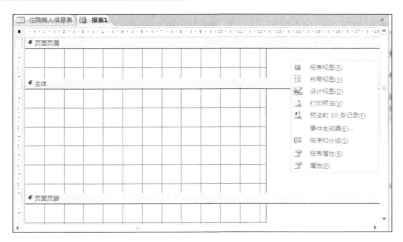

图 5-8　弹出的快捷菜单

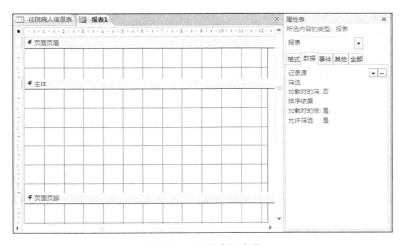

图 5-9　"属性表"窗格

图 5-10　查询生成器

⑤ 在打开的"显示表"对话框中双击"住院病人信息表"，关闭对话框。在查询生成器中选择需要输出的字段（如病人编码、病人姓名、病人性别、出生日期、入院时间），将它们添加到设计网格中，如图 5-11 所示。

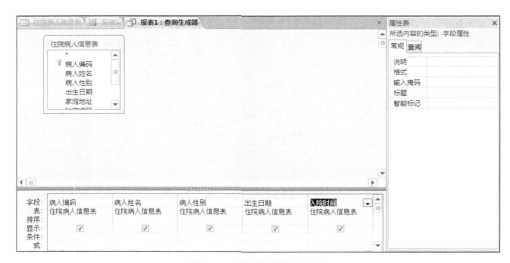

图 5-11 选择报表输出字段

⑥ 将报表保存为"住院病人名单"，关闭查询生成器。完成"记录源"的设置后，关闭"属性表"窗格，返回报表的设计视图。单击"工具"组中的"添加现有字段"按钮，在界面右侧打开"字段列表"窗格，如图 5-12 所示。将"字段列表"窗格中的字段依次拖曳到报表的"主体"节中，并适当地调整位置。字段标识和字段名称默认是相同的，可单击文本，进入编辑状态，可对其进行修改。

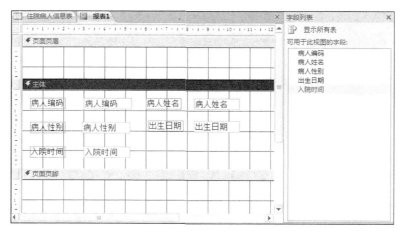

图 5-12 显示"字段列表"窗格

⑦ 在"页面页眉"节中，单击"报表设计工具-设计"选项卡中的"标签"按钮 Aa，然后在"页面页眉"节的中间进行拖曳，将标签控件设置成适当的大小，在标签控件中输入"住

院病人名单"；选中该标签控件，并单击鼠标右键，在弹出的快捷菜单中执行"属性表"命令，在打开的"属性表"窗格中设置文字的字母大小和文本对齐方式，如图 5-13 所示。

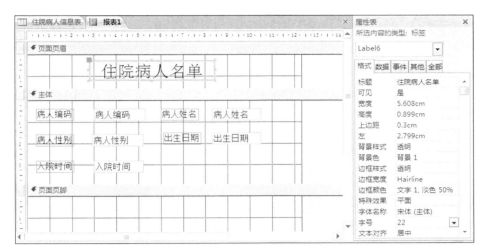

图 5-13　设置"页面页眉"节

⑧ 保存报表，切换到打印预览视图，可以看到图 5-14 所示的报表。

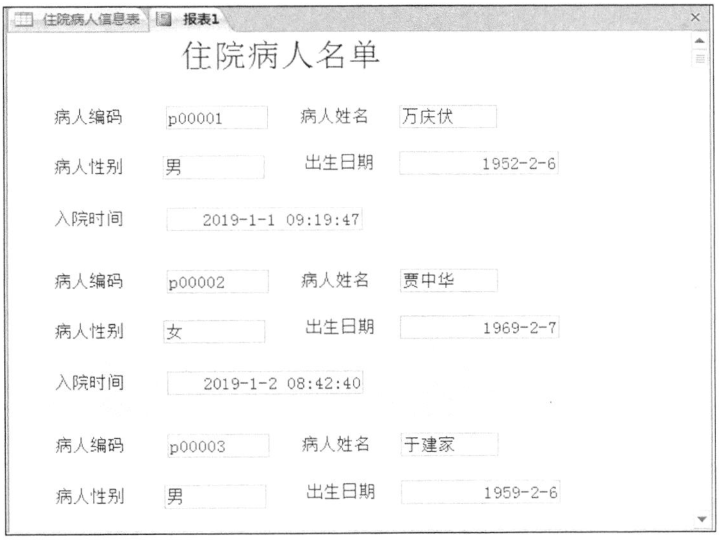

图 5-14　使用"报表设计"工具创建的报表

5.2.3　使用"空报表"工具创建报表

使用"空报表"工具创建报表是另一种灵活、快捷创建报表的方式，适用于报表中字段较少的情况。

【例 5.3】　使用"空报表"工具创建"住院病人科室"报表，具体操作步骤如下。

① 在"创建"选项卡的"报表"组中单击"空报表"按钮，直接进入报表的布局视图，并且在界面的右侧自动显示了"字段列表"窗格，如图 5-15 所示。

图 5-15　进入创建空报表布局视图

② 在图 5-15 所示的"字段列表"窗格中单击"显示所有表"链接，在展开的列表中单击"住院病人信息表"前面的"+"按钮，在窗格中就会显示出该表所包含的字段名称，如图 5-16 所示。

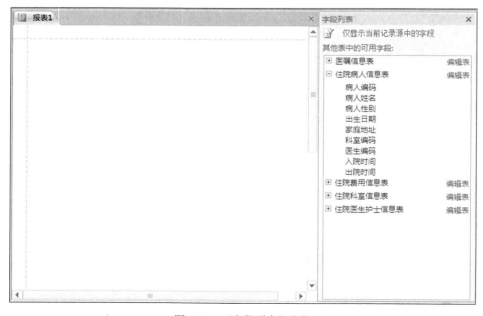

图 5-16　"字段列表"窗格

③ 依次双击窗格中需要输出的字段，如病人姓名、病人性别，效果如图 5-17 所示。

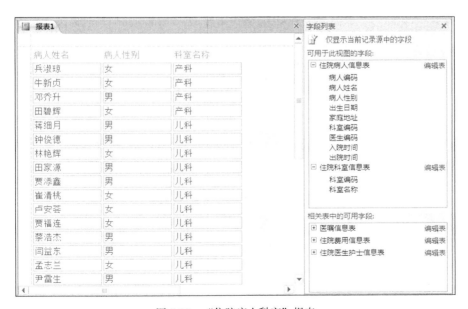

图 5-17 "住院病人信息"报表

④ 在"相关表中的可用字段"中单击"住院科室信息表"前面的"+"按钮，显示出该表中包含的字段，双击"科室名称"，此时的报表如图 5-18 所示，右侧的"字段列表"窗格也随着发生变化。

图 5-18 "住院病人科室"报表

⑤ 保存报表，切换到打印预览视图，可以看到报表的输出效果如图 5-19 所示。

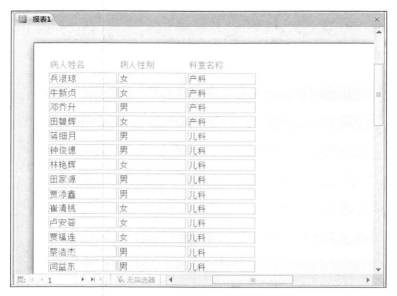

图 5-19　使用"空报表"工具创建的报表

5.2.4　使用"报表向导"工具创建报表

使用"报表"工具创建报表，创建的是一种标准化的报表样式。虽然该方法操作快捷，但是存在不足之处，尤其是不能选择出现在报表中的记录源字段。"报表向导"则提供了创建报表时选择字段的自由，使创建报表更加灵活。

【例 5.4】　使用"报表向导"按钮创建"医生护士信息汇总表"报表，具体操作步骤如下。

① 在导航窗格中，选择"住院医生护士信息表"。

② 在"创建"选项卡的"报表"组中单击"报表向导"按钮，打开"报表向导"对话框，这时数据源已经选定为"表：住院医生护士信息表"（在"表/查询"下拉列表框中也可以选择其他数据源），如图 5-20 所示。在"可用字段"列表框中依次双击"用户编码""用户姓名""用户性别""用户类型""职称"字段，将它们添加到"选定字段"列表框中，然后单击"下一步"按钮。

③ 在打开的第二个"报表向导"对话框中，自动给出了分组级别，并给出了分组后报表布局预览效果。这里按"职称"字段分组，如图 5-21 所示，单击"下一步"按钮。

④ 在打开的第三个"报表向导"对话框中，确定报表记录的排序次序。这里选择按"用

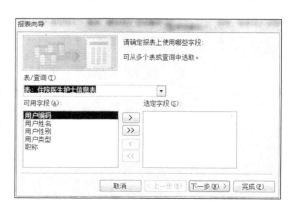

图 5-20　选择字段

户编码"升序排序，如图 5-22 所示，单击"下一步"按钮。

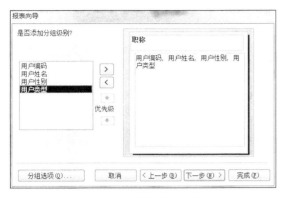

图 5-21 添加分组级别

图 5-22 选择排序字段

⑤ 在打开的第四个"报表向导"对话框中，确定报表所采用的布局方式。这里"布局"选中"块"单选按钮，"方向"选中"纵向"单选按钮，如图 5-23 所示，单击"下一步"按钮。

⑥ 在打开的最后一个"报表向导"对话框中，指定报表的标题为"住院医生护士信息汇总表"，选中"预览报表"单选按钮，然后单击"完成"按钮。设计的报表如图 5-24 所示。

图 5-23 选择布局方式

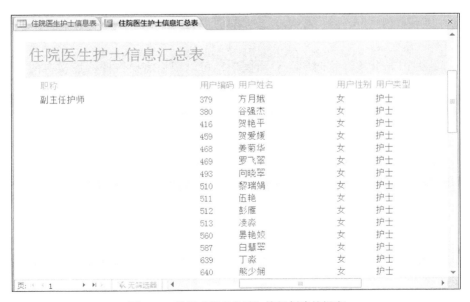

图 5-24 使用"报表向导"按钮创建的报表

使用"报表向导"按钮创建报表虽然可以选择字段和分组，但只是快速创建了报表的基本框架。想要创建更完美的报表，需要进一步美化和修改完善报表，这需要在报表的设计视图中进行相应的处理。

5.2.5　使用"标签"工具创建报表

在日常工作中，经常需要制作"行李信息"和"人员信息"等标签。标签是一种类似名片的短信息载体，使用 Access 提供的"标签"工具可以方便地创建各种各样的标签报表。

【例 5.5】　使用"标签"工具创建"标签 住院医生护士信息"报表，具体操作步骤如下。

① 在导航窗格中，选择"住院医生护士信息表"。

② 在"创建"选项卡的"报表"组中单击"标签"按钮，打开"标签向导"对话框，在其中指定所需要的尺寸（如果提供的尺寸不能满足需要，可以单击"自定义"按钮自行设计标签），如图 5-25 所示，单击"下一步"按钮。

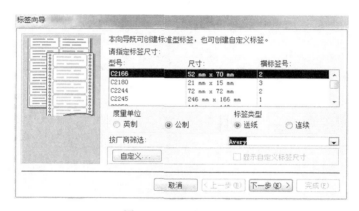

图 5-25　选择标签尺寸

③ 在打开的第二个"标签向导"对话框中，可以根据需要选择标签文本的字体、字号和颜色等，如图 5-26 所示。设置完成后，单击"下一步"按钮。

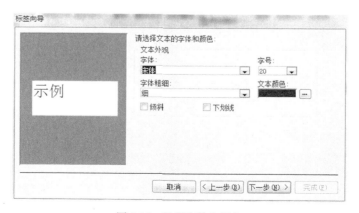

图 5-26　选择字体和颜色

④ 在打开的第三个"标签向导"对话框中,在"可用字段"列表框中双击"用户编码""用户姓名""用户性别""用户类型""职称"字段,将它们添加到"原型标签"列表框中。为了让标签意义更明确,在每个字段前输入所需要的标识文本,如图 5-27 所示,然后单击"下一步"按钮。

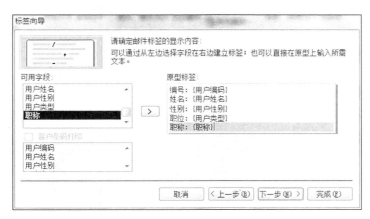

图 5-27　设置标签显示内容

说明:"原型标签"列表框是一种微型文本编辑器,在该列表框中可以对文本和添加的字段进行修改和删除等操作。如果想要删除输入的文本和字段,按退格键删除即可。

⑤ 在打开的第三个"标签向导"对话框中,在"可用字段"列表框中双击"用户编码"字段,把它添加到"排序依据"列表框中作为排序依据,如图 5-28 所示,单击"下一步"按钮。

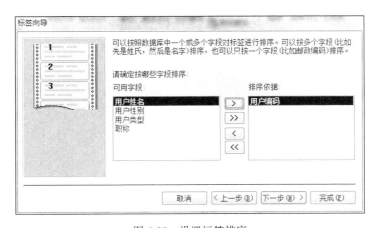

图 5-28　设置标签排序

⑥ 在打开的最后一个"标签向导"对话框中,输入"标签 住院医生护士信息"作为报表名称,单击"完成"按钮。设计的报表如图 5-29 所示。

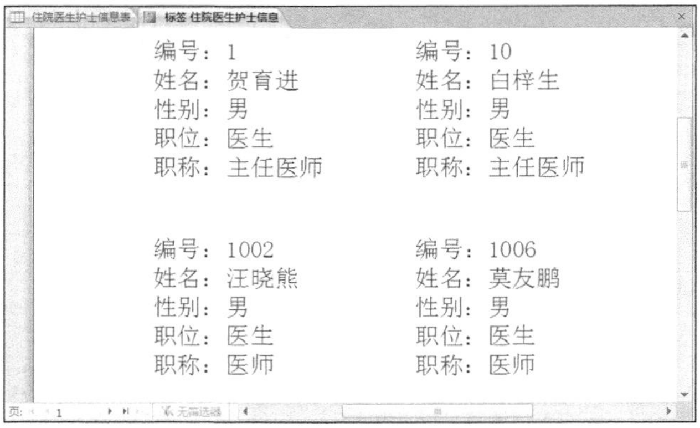

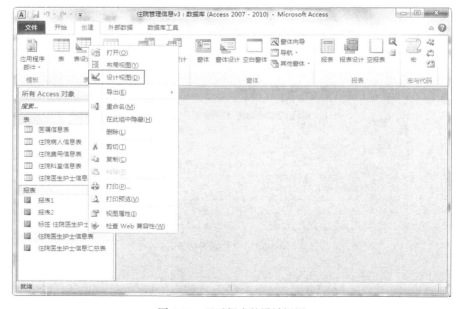

图 5-29　使用"标签"工具创建的报表

5.3　编　辑　报　表

编辑报表

　　在使用上节讲解的方法完成报表创建后，可以根据需要对某个报表的设计布局进行修改，包括添加报表的控件、修改报表的控件或删除报表的控件等。若要修改某个报表的设计布局，需在该报表的设计视图中进行。

　　进入报表设计视图的方法：单击导航窗格中的"报表"对象，展开报表对象列表，用鼠标右键单击报表对象列表中的某个报表对象，在弹出的快捷菜单中执行"设计视图"命令，即可显示该报表的设计视图，如图 5-30 所示。

图 5-30　显示报表的设计视图

1. 为报表添加分页符和页码

在报表中，可以在某一节中使用分页控制符来标示另起一页的位置，具体操作步骤如下。

① 打开报表，切换到设计视图；在"报表设计工具-设计"选项卡的"控件"组中单击"插入分页符"按钮。

② 单击报表中需要分页符的位置，分页符会以短虚线的形式标示在报表的左边界上。

当报表页数比较多时，需要在报表中添加页码。在报表中添加页码的具体操作步骤如下。

① 打开要添加页码的报表，切换到设计视图或布局视图。

② 在"报表设计工具-设计"选项卡的"页眉/页脚"组中单击"页码"按钮，打开"页码"对话框。在其中选择页码的位置及格式，然后单击"确定"按钮。

2. 添加当前日期和时间

在报表中添加当前日期和时间有助于获知报表输出信息的时间。在报表中添加日期和时间的具体操作步骤如下。

① 打开要添加当前日期和时间的报表，切换到设计视图或布局视图。

② 在"报表设计工具-设计"选项卡的"页眉/页脚"组中单击"日期和时间"按钮，打开"日期和时间"对话框。

③ 根据需要选择日期或时间的显示格式，然后单击"确定"按钮。

5.4　报表的排序和分组

在 Access 数据库中，除了可以利用"报表向导"实现记录的排序和分组外，还可以用报表的设计视图对报表中的记录进行排序和分组。

5.4.1　记录的排序

在设计报表时，可以将报表中的记录按照升序或降序的顺序排列。

【例 5.6】　在"住院病人名单"报表中按照"出生日期"升序进行排序输出，具体操作步骤如下。

记录的排序

① 打开"住院病人名单"报表，进入设计视图。单击"报表设计工具-设计"选项卡→"分组和汇总"组→"分组和排序"按钮，效果如图 5-31 所示。

② 单击"添加排序"按钮，弹出"字段列表"窗格，如图 5-32（左）所示。选择"出生日期"后，下方"分组、排序和汇总"区中的显示效果如图 5-32（右）所示。

图 5-31　"住院病人名单"报表的设计视图

图 5-32　添加排序

说明：在此界面中可以选择排序依据及其排序次序。在报表中设置多个排序字段时，先按第一排序字段值排序，第一排序字段值相同的记录再按第二排序字段值排序，依此类推。

③　保存报表，进入打印预览视图，可以看到图 5-33 所示的报表。

图 5-33　排序后的"住院病人名单"报表

5.4.2　记录的分组

记录的分组是指将具有共同特征的相关记录组成一个集合，在显示或打印时将它们集中在一起，并且可以为同组记录设置要显示的概要和汇总信息。分组可以对数据进行分类，提高报表的可读性和信息的利用率。

【例 5.7】　按职称对"住院医生护士信息表"报表进行分组统计，具体操作步骤如下。

记录的分组

① 打开"住院医生护士信息表"，单击"报表向导"按钮快速创建"住院医生护士信息表"报表（不添加分组级别），再进入设计视图，单击"分组和排序"按钮，显示"分组、排序和汇总"区。

② 单击"添加组"按钮，在弹出的字段菜单中选择"职称"，此时出现"职称页眉"节，如图 5-34 所示。

图 5-34　设置分组字段

说明：如果要添加"职称页脚"节，可以单击图 5-34 中的"更多▶"，将"无页脚节"改为"有页脚节"，然后在"属性表"窗格中设置"职称页脚"的相关属性即可。

③ 打开"属性表"窗格，将"职称页眉"节对应的"组页眉 0"中的"高度"属性设置为 1cm，如图 5-35 所示。此时，可以根据需要设置"职称页眉"的其他属性。

④ 将原"页面页眉"节中的"职称"移到"职称页眉"节中，将"主体"节内的"职称"文本框也移至"职称页眉"节中，如图 5-36 所示。

⑤ 保存报表，切换到打印预览视图，可以看到报表显示效果如图 5-37 所示。

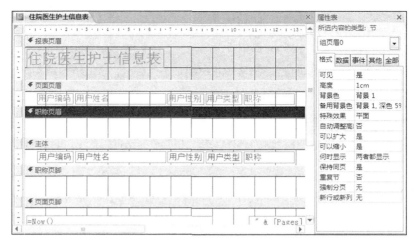

住院医生护士信息表
报表页眉
住院医生护士信息表
页面页眉
用户编码 用户姓名 用户性别 用户类型 职称
职称页眉
主体
用户编码 用户姓名 用户性别 用户类型 职称
职称页脚
页面页脚
=Now()
" & [Pages]
属性表
所选内容的类型：节
组页眉0
格式 数据 事件 其他 全部
可见 是
高度 1cm
背景色 背景 1
备用背景色 背景 1，深色 5%
特殊效果 平面
自动调整高 否
可以扩大 是
可以缩小 是
何时显示 两者都显示
保持同页 是
重复节 否
强制分页 无
新行或新列 无

图 5-35 设置“职称页眉”节的属性

住院医生护士信息表
报表页眉
住院医生护士信息表
页面页眉
用户编码 用户姓名 用户性别 用户类型
职称页眉
职称 职称
主体
用户编码 用户姓名 用户性别 用户类型
职称页脚
页面页脚
属性表
所选内容的类型：节
页面页眉
格式 数据 事件 其他 全部
可见 是
高度 1.099cm
背景色 背景 1
特殊效果 平面
自动调整高 否
何时显示 两者都显示

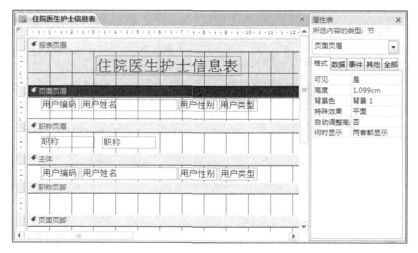

图 5-36 设置“职称页眉”节的内容

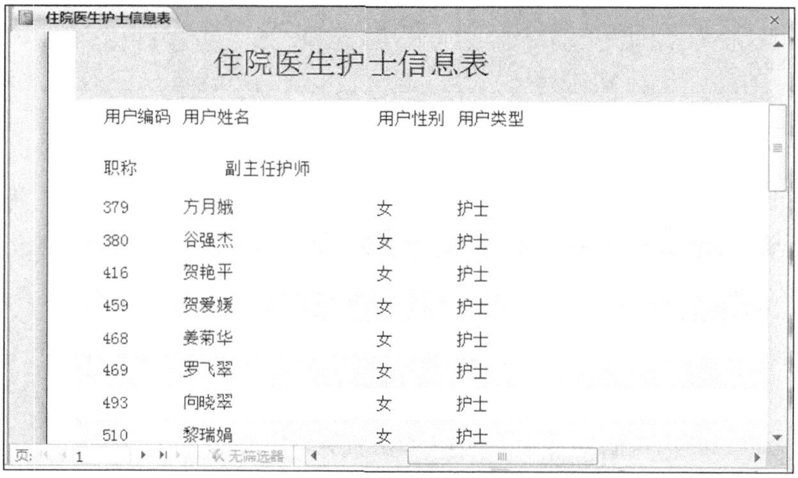

住院医生护士信息表
住院医生护士信息表
用户编码 用户姓名 用户性别 用户类型
职称 副主任护师
379 方月娥 女 护士
380 谷强杰 女 护士
416 贺艳平 女 护士
459 贺爱媛 女 护士
468 姜菊华 女 护士
469 罗飞翠 女 护士
493 向晓翠 女 护士
510 黎瑞娟 女 护士
页: 1
无筛选器

图 5-37 分组显示的报表

对已经排序或分组的报表，可以在上述设置环境中进行以下操作：添加/删除/更改排序、分组字段或表达式。

5.5　报表的计算

在报表设计中，可以根据需要进行各种类型的统计计算并输出显示结果。其操作方法是将计算控件的"控件来源"属性设置为需要统计的计算表达式。

【例 5.8】　计算住院病人的年龄，并用计算结果替换原"住院病人名单"报表中的"出生日期"字段，具体操作步骤如下。

① 打开"住院病人信息表"，创建"住院病人名单"报表，然后打开报表的设计视图，如图 5-38 所示。

② 将"页面页眉"节中的"出生日期"标签标题修改为"年龄"。

③ 将"主体"节中的"出生日期"字段删除。

④ 在"设计"选项卡的"控件"组中单击"文本框"按钮，在"主体"节中添加一个文本框，把该文本框放在原来"出生日期"字段所在的位置，并把文本框的附加标签删除。

⑤ 双击文本框，打开"属性表"窗格，在"控件来源"属性中输入"=Year(Date())-Year([出生日期])"，如图 5-39 所示。

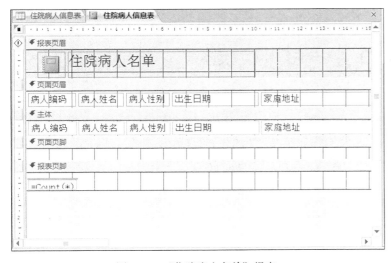

图 5-38　"住院病人名单"报表

图 5-39　设置"控件来源"属性

⑥ 单击"设计"选项卡中的"视图"按钮，切换到报表视图，可以看到报表中"年龄"字段的计算结果，如图 5-40 所示，保存修改结果。

图 5-40　计算"年龄"字段后的报表

5.6　本 章 小 结

本章主要介绍了报表的概念和组成、4 种报表类型及 4 种报表视图，还介绍了 5 种创建报表的方式、报表的排序和分组、报表的计算等基本操作。学习本章的内容可使读者掌握报表的基础知识和基本操作，可以将数据库中的数据按照一定的格式生成报表，进而进行打印输出，也给读者学习掌握更为复杂的报表操作奠定了基础。

5.7　习　　题

一、单选题

1. 在组成报表的 5 个节中，主要用于显示和输出记录数据的是（　　　　）。

　　A. "页面页眉"节　　　　　　　　　　　B. "页面页脚"节

　　C. "主体"节　　　　　　　　　　　　　D. "报表页脚"节

2. 在 Access 中，为用户观看和打印概括性信息提供的最灵活的工具是（　　　　）。

　　A. 表　　　　　　　B. 查询　　　　　　C. 报表　　　　　　D. 窗体

3. 下列不属于报表分类的是（　　　　）。

　　A. 标签式　　　　　B. 数据式　　　　　C. 图表　　　　　　D. 纵栏式

4. 下列不属于 Access 报表视图的是（　　　　）。

　　A. 设计视图　　　　　　　　　　　　　B. 打印预览视图

C．布局视图　　　　　　　　D．数据表视图

5．已知某个报表的数据源中含有名为"出生日期"的字段（日期型数据）。现以此字段值为基础，在报表的文本框控件中计算并显示输出年龄值，则该文本框的"控件来源"属性应设置为（　　　）。

A．=Date()−[出生日期]　　　　　B．=[出生日期]−Date

C．=Year(Date())−Year([出生日期])　　D．=Year(Date()−[出生日期])

二、填空题

1．完整的报表通常由报表页眉、报表页脚、页面页眉、页面页脚、_____、组页眉和组页脚 7 个部分组成。

2．在报表设计中，可以在"组页眉"节或"组页脚"节中创建_____来显示记录的分组汇总数据。

3．在报表设计中，可以使用_____来控制另起一页的输出显示。

4．报表和窗体这两种对象有着本质的区别：_____只能查看数据，而_____可以改变数据源中的数据。

第6章 宏

Access 作为数据库系统，不仅在数据存储、数据查询与修改、报表输出等方面拥有强大的功能，而且在程序设计方面表现出了独有的优势。宏是 Access 中继表、查询、窗体、报表之后推出的第五大数据库对象。它可以在不编写任何代码的情况下，实现自动帮助用户完成一系列任务，可以被看作是一种简化了的编程方法。宏的使用，能够让 Access 数据库系统的功能更加强大，操作更加简单。本章主要介绍宏的基本概念与功能、宏操作、宏的创建与运行、数据宏等内容。

本章的学习目标如下。

（1）了解宏的基本概念，以及宏与报表、窗体等 Access 数据库对象间的相互关系。

（2）掌握利用宏设计器搭建独立宏、嵌入式宏、条件宏的基础理论及实现方法。

（3）熟练掌握利用嵌入式宏、条件宏解决窗体单击事件等问题的综合应用方法。

（4）了解数据宏的基本概念及应用方法。

6.1 宏 概 述

在 Access 中，宏是一个非常重要的对象，它展现了 Access 数据库强大的程序设计能力。宏的创建与设计很方便，既不需要程序设计语法知识，也不需要编写任何程序代码。执行宏，可以帮助用户自动完成许多烦琐的人工操作，提升数据库的应用体验。

宏概述

6.1.1 宏的概念

宏是由一个或多个操作（或操作命令）组成的集合，其中的每个操作都是 Access 自带的且能自动执行，用以实现特定的功能。在 Access 中，可以为宏定义各种类型的操作，例如打开与关闭窗体、显示与隐藏工具栏、预览或打印报表等。

宏并不直接处理数据库中的数据，它是组织 Access 数据库对象的工具。在 Access 数据库中，表、查询、窗体和报表是数据库的 4 个基本对象，都具有强大的数据处理功能，能独立完成数据库中特定的任务。但是它们各自独立工作，不能相互调用；在需要重复执行某些操作或任务时，它们也不能节省操作时间、降低操作复杂度。而宏的使用，可以将 Access 数据库的这些对象有机地整合在一起，完成特定的操作或任务。

图 6-1 所示为创建一个名称为 Message 的宏，其中只包含一个 MessageBox 宏操作。运行后，弹出一个提示对话框，显示"欢迎使用 Access 2010！"，如图 6-2 所示。

图 6-1　Message 宏

图 6-2　Message 宏的运行效果

6.1.2　宏设计器

在 Access 中，宏是在"宏设计器"中创建的。单击"创建"选项卡下"宏与代码"组中的"宏"按钮，即可进入宏设计器窗格。宏设计器又称为宏的设计视图，其界面如图 6-3 所示。

图 6-3　宏设计器界面

宏设计器功能区中主要按钮的功能如表 6-1 所示。由于 Access 2010 的宏设计器较以前版本有了很大的变化，宏的设计以程序流程设计为主，因此，其功能区主要体现宏流程语句块折叠和展开的有关操作。

表 6-1　　　　　　　　　　　　宏设计器其功能区按钮的功能

按　　钮	功　　能
！ 运行	用于执行当前宏
单步	用于单步运行，一次执行一条宏命令
将宏转换为 Visual Basic 代码	用于将当前宏转换成 Visual Basic 代码
展开操作	用于展开宏设计器所选的宏操作
折叠操作	用于折叠宏设计器所选的宏操作
全部展开	用于展开宏设计器全部的宏操作
全部折叠	用于折叠宏设计器全部的宏操作
操作目录	用于显示或隐藏宏设计器的操作目录
显示 所有操作	用于显示或隐藏操作目录、添加新操作下拉列表中所有操作或添加尚未受信任的数据库中允许的操作

6.1.3　宏的功能

在 Access 中，可以将宏看成是一种简化了的程序设计，这种程序设计是选择一系列的宏操作来编写的。编写"宏"不需要记住各种编程语法，每一个操作所需的参数都显示在宏设计器中。

宏以动作为单位来执行用户设定的操作。每一个动作在运行时由上往下按顺序执行，如果设计了条件宏，则动作会根据设置的条件决定能否执行。

图 6-4 所示为一个简单的宏运行过程示例。当用户执行该宏时，首先执行宏的第一个操作"OpenForm"，打开"医生信息"窗体；接着执行宏的第二个操作"MaximizeWindow"，最大化显示"医生信息"窗体，使其占满 Access 主界面；最后执行宏的第三个操作"MessageBox"，弹出"医生信息表打开完成！"提示对话框。

Access 中的宏可以帮助用户完成一系列的任务。一般来说，宏可以帮助用户完成以下工作。

图 6-4　宏的运行过程

（1）打开/关闭数据表或窗体。

（2）打印报表和执行查询。

（3）显示提示信息和警告信息。

（4）设置窗体控件的值、窗口的大小。

（5）实现数据的输入与输出。

（6）在数据库启动时执行操作。

（7）筛选、查找数据记录。

6.1.4　宏与事件

在实际应用中，宏通常是通过窗体、报表或查询产生的"事件"触发并执行的。事件（Event）是在数据库中执行的一种特殊操作，是对象所能辨识和检测的动作，如"单击""双击""获取焦点"等。如果已经给某个事件编写了宏（或绑定了宏）、事件过程等操作，当这个事件发生时会执行对应的宏或事件过程。例如，当单击登录窗体中的"登录"按钮时，会触发该按钮的"单击"事件，事先编写或绑定于"单击"事件的宏或事件过程会被执行。

事件是系统预先定义好的。一个对象拥有哪些事件是由 Access 定义的，用户无法修改。但是，事件被触发后执行什么内容，则由用户为此事件编写的宏或事件过程决定。事件过程是为响应由用户或程序代码引发的事件及由 Access 触发的事件而运行的过程。Access 常用事件及发生时间如表 6-2 所示。

表 6-2　　　　　　　　　　　　　　常用事件及发生时间

事　　件	对　　象	名　　称	发　生　时　间
OnClick	窗体和控件	单击	对于控件，单击时发生。对于窗体，在单击记录选择器或控件以外的区域时发生
OnOpen	窗体和报表	打开	当窗体或报表打开时发生
OnClose	窗体和报表	关闭	当关闭窗体或报表，使它们从界面中消失时发生
OnCurrent	窗体	成为当前	当焦点移动到一条记录，使它成为当前记录时，或当重新查询窗体的数据来源时发生。此事件发生在窗体第一次打开，或焦点从一条记录移动到另一条记录时，它在重新查询窗体的数据来源时发生
OnDblClick	窗体和控件	双击	当在控件或它的标签上双击时发生。对于窗体，在双击空白区或窗体上的记录选择器时发生
BeforeUpdate	窗体和控件	更新前	在控件或记录用更改了的数据更新以前发生。此事件发生在控件或记录失去焦点时，或执行"记录"菜单中的"保存记录"命令时
AfterUpdate	窗体	更新后	在控件或记录用更改过的数据更新以后发生。此事件发生在控件或记录失去焦点时，或执行"记录"菜单中的"保存记录"命令时

通常情况下，事件由用户的操作触发，但程序代码或操作系统也可能触发事件。例如，窗体或报表在执行过程中发生错误便会触发窗体或报表的"出错"（Error）事件，打开窗体并显示其中的数据记录时会触发"加载"（Load）事件。

6.2 宏 操 作

6.2.1 添加宏操作

Access 2010 具有一个改进后的宏设计器，使用该设计器可以更轻松地创建、编辑和自动化数据库逻辑，用户可以更高效地工作并减少编码错误，轻松地整合更复杂的逻辑以创建功能强大的应用程序。

宏操作

在宏的设计过程中，添加宏操作可以从"添加新操作"下拉列表中选择相应的操作，也可以在"操作目录"窗格中双击或拖曳，如图 6-5 和图 6-6 所示。每个宏操作都有各自的参数，可按需进行设置。

图 6-5 "添加新操作"下拉列表

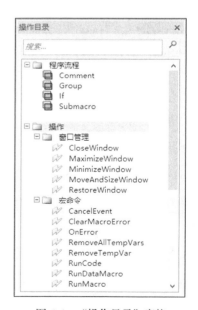

图 6-6 "操作目录"窗格

Access 2010 共有 80 多种宏操作命令，可以分为窗口管理类、宏命令类、筛选/查询/搜索类、数据导入/导出类、数据库对象类、数据输入操作类、系统命令类、用户界面命令类。表 6-3～表 6-10 按照分类列出了可用的宏操作及其功能说明。

1. 窗口管理类

窗口管理类宏操作用于管理数据库窗口，其功能说明如表 6-3 所示。

表 6-3　　　　　　　　　　　窗口管理类宏操作及其功能说明

操 作 名 称	功 能 说 明
CloseWindow	关闭指定的窗口，如无指定窗口则关闭激活的窗口
MaximizeWindow	窗口最大化
MinimizeWindow	窗口最小化
MoveAndSizeWindow	移动活动窗口或调整其大小
RestoreWindow	将处于最大化或最小化的窗口恢复为原来的大小

2. 宏命令类

宏命令类宏操作用于对宏进行更改，其功能说明如表 6-4 所示。

表 6-4　　　　　　　　　　　宏命令类宏操作及其功能说明

操 作 名 称	功 能 说 明
CancelEvent	取消一个事件
ClearMacroError	清除 MacroError 上的一个错误
OnError	定义错误处理行为
RemoveAllTempVars	删除所有临时变量
RemoveTempVar	删除一个临时变量
RunCode	执行 Visual Basic 的函数
RunDataMacro	运行数据宏
RunMacro	运行宏或宏组。有 3 种方式：从其他宏中运行宏、根据条件运行宏、将宏附加到自定义菜单命令
RunMenuCommand	执行 Access 菜单命令
SetLocalVar	将本地变量设置为给定值
SetTempVar	将临时变量设置为给定值
SingleStep	暂停宏的执行并打开"单步执行宏"对话框
StartNewWorkflow	为项目启动新工作流
StopAllMacros	停止所有正在运行的宏
StopMacro	停止正在运行的宏
WorkflowTasks	显示"工作流任务"对话框

3. 筛选/查询/搜索类

筛选/查询/搜索类宏操作用于筛选、查询、搜索，其功能说明如表 6-5 所示。

表 6-5　　　　　　　　　　　　　筛选/查询/搜索类宏操作及其功能说明

操 作 名 称	功 能 说 明
ApplyFilter	筛选表、窗体、报表中的记录
FindNextRecord	查找符合最近 FindRecord 操作或"查找"对话框中指定条件的下一条记录，可重复搜索记录
FindRecord	查找符合指定条件的记录。该记录可能在当前记录中、当前记录前面或后面的记录中，也可能在第一条记录中
OpenQuery	打开选择查询、交叉表查询或者执行操作查询。此操作将运行操作查询。值得注意的是，只有在 Access 数据库（.mdb 或.accdb）环境中才能执行此操作
Refresh	刷新视图中的记录
RefreshRecord	刷新当前记录
RemoveFilterSort	删除当前筛选
Requery	重新查询指定控件的数据源。该操作可以确保活动对象及其控件显示的是最新数据
SearchForRecord	基于某个条件在对象中搜索记录
SetFilter	在表、窗体、报表中应用筛选
SetOrderBy	应用排序
ShowAllRecords	删除已应用筛选，显示所有记录

4. 数据导入/导出类

数据导入/导出类宏操作用于导入、导出、发送和收集数据，其功能说明如表 6-6 所示。

表 6-6　　　　　　　　　　　　　数据导入/导出类宏操作及其功能说明

操 作 名 称	功 能 说 明
AddContactFromOutlook	添加 Outlook 中的联系人
CollectDataViaEmail	在 Outlook 中使用 HTML 或 InfoPath 表单收集数据
EMailDatabaseObject	将指定的数据库对象包含在电子邮件消息中，对象在其中可以被查看和转发
ExportWithFormatting	将指定数据库对象中的数据输出为.xls 格式、.rtf 格式、.txt 格式、.html 格式或.snp 格式
SaveAsOutlookContact	将当前记录另存为 Outlook 联系人
WordMailMerge	执行邮件合并操作

5. 数据库对象类

数据库对象类宏操作用于对数据库中的控件和对象进行更改，其功能说明如表 6-7 所示。

表 6-7　　　　　　　　　　　　　　　数据库对象类宏操作及其功能说明

操 作 名 称	功 能 说 明
GoToControl	将焦点转移到指定的字段或控件上
GoToPage	将活动窗体中的焦点移至指定页中的第一个控件上
GoToRecord	使打开的表、窗体或查询结果的特定记录成为当前活动记录
OpenForm	用于打开窗体。可以为窗体选择数据输入和窗口模式，并可以限制窗体显示的记录
OpenReport	用于打开报表。设置各种参数可以限制报表中打印的记录
OpenTable	用于打开表。设置各种参数可以选择该表的数据输入模式
PrintObject	打印当前对象
PrintPreview	打印预览当前对象
RepaintObject	在指定对象或激活对象上完成所有未完成的界面更新或控件的重新计算
SelectObject	选择指定的数据库对象
SetProperty	设置控件属性

6.　数据输入操作类

数据输入操作类宏操作用于更改数据，其功能说明如表 6-8 所示。

表 6-8　　　　　　　　　　　　　　　数据输入操作类宏操作及其功能说明

操 作 名 称	功 能 说 明
DeleteRecord	删除当前记录
EditListItems	编辑查阅列表中的项
SaveRecord	保存当前记录

7.　系统命令类

系统命令类宏操作用于对数据库系统进行更改，其功能说明如表 6-9 所示。

表 6-9　　　　　　　　　　　　　　　系统命令类宏操作及其功能说明

操 作 名 称	功 能 说 明
Beep	扬声器发出嘟嘟声
CloseDatabase	关闭当前数据库
DisplayHourglassPointer	当宏执行时，将正常鼠标指针形状变为沙漏形状（或用户指定的图标）；宏完成后，恢复正常鼠标指针形状
QuitAccess	退出 Access

8.　用户界面命令类

用户界面命令类宏操作用于控制项目显示，其功能说明如表 6-10 所示。

表 6-10　　　　　　　　　　　用户界面命令类宏操作及其功能说明

操 作 名 称	功 能 说 明
AddMenu	用于将菜单添加到窗体或报表的自定义菜单栏中，菜单栏中每个菜单都需要一个独立的 AddMenu 宏操作
BrowseTo	将子窗体的加载对象更改为子窗体控件
LockNavigationPane	用于锁定或解除锁定导航窗格
MessageBox	显示含有警告或提示信息的消息框
NavigateTo	定位到指定的导航窗格组或类别
Redo	重复最近的用户操作
SetDisplayedCategories	用于指定要在导航窗格中显示的类别
SetMenuItem	为激活窗口设置自定义菜单中菜单项的状态
UndoRecord	撤销最近的用户操作

6.2.2　修改宏操作

宏中的各个操作是按从上往下的顺序执行的。在宏的设计过程中，用户可以对宏中各个操作的顺序进行修改。此外，还可以进行删除、复制和粘贴等操作。

上下移动宏中的某个操作，可以使用如下几种方法实现。

方法 1：选择需要移动的宏操作，上下拖曳，将其放到合适的位置。

方法 2：选择需要移动的宏操作，按 Ctrl+↑ 或 Ctrl+↓ 快捷键。

方法 3：选择需要移动的宏操作，单击操作编辑框右侧的绿色"上移"按钮或"下移"按钮，如图 6-7 所示。

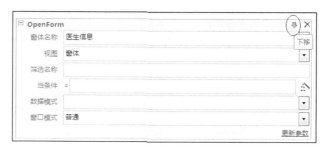

图 6-7　"下移"按钮

方法 4：选择需要移动的宏操作，用鼠标右键单击它并在弹出的快捷菜单中执行"上移"命令或"下移"命令，如图 6-8 所示。

删除宏中的某个操作，可以使用如下几种方法实现。

方法 1：选择需要删除的宏操作，按键盘上的 Delete 键。

方法 2：选择需要删除的宏操作，用鼠标右键单击它并在弹出的快捷菜单中执行"删除"命令，如图 6-9 所示。

图 6-8　快捷菜单中的"上移"和"下移"命令

图 6-9　快捷菜单中的"删除"命令

方法 3：选择需要删除的宏操作，单击操作编辑框右侧的"删除"按钮，如图 6-10 所示。

图 6-10　单击"删除"按钮

如果想要重复利用已经设置好的某个宏操作，可以对其进行复制和粘贴。具体方法为：选择需要复制的宏操作，用鼠标右键单击它并在弹出的快捷菜单中执行"复制"命令（见图 6-11），然后在需要粘贴的位置单击鼠标右键，在弹出的快捷菜单中执行"粘贴"命令。需要注意的是，粘贴宏操作时，复制的宏操作将会插入当前选中的宏操作的下方；如果选中了某个块，则复制的宏操作将会被粘贴到该块的内部。

图 6-11　快捷菜单中的"复制"和"粘贴"命令

6.3　宏 的 创 建

使用宏前，需要先创建宏。宏的创建比较简单，不需要编写代码，只需根据需求添加宏操作、设置参数、设置宏名并保存即可。

宏的创建

6.3.1　创建独立宏

独立宏是指在数据库中作为单独对象存在的宏，这些宏将显示在宏设计器及导航窗格的"宏"列表中。如果在应用程序的多个位置需要重复使用某一个宏，则可以建立一个独立宏。

创建独立宏的具体操作步骤如下。

① 启动 Access 2010，单击"创建"选项卡下"宏与代码"组中的"宏"按钮，打开宏设计器。

② 在"添加新操作"下拉列表框中选择某个宏操作，Access 将在显示"添加新操作"下拉列表框的位置添加该宏操作。此外，还可以从"操作目录"窗格中双击或拖曳某个宏操作，实现添加宏操作。

③ 在宏操作编辑区内单击选择该宏操作，设置参数。

④ 如需添加更多的宏操作，可以重复步骤②和步骤③。

⑤ 命名并保存宏。单击左上角快速访问工具栏中的"保存"按钮，弹出"另存为"对话框，输入宏名称，然后单击"确定"按钮，完成独立宏的创建。

需要注意的是，宏只有在命名、保存后才能运行。如果宏名称为"AutoExec"，如图 6-12 所示，则该宏为"自动运行宏"，即打开数据库时该宏自动运行。如要取消自动运行，应在打开数据库的同时按住 Shift 键。

在添加宏操作的过程中，可以将导航窗格中的数据库对象直接拖动到宏操作编辑区以

创建相应的宏操作。例如，将导航窗格中的某个"表"对象（如
"医生信息"表）拖曳到宏操作编辑区，Access 会自动添加一
个"OpenTable"宏操作；将导航窗格中的某个"宏"对象（如
"Message"）拖曳到宏操作编辑区，Access 会自动添加一个运
行该宏的宏操作"RunMacro"，如图 6-13 所示。

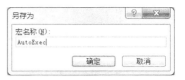

图 6-12　自动运行宏

图 6-13　拖曳数据库对象添加宏操作

【例 6.1】　　在"医院数据"数据库中创建一个独立宏，要求能打开"住院科室信息"窗体
并将该窗体最大化，设置宏名为"打开住院科室信息"，具体操作步骤如下。

① 启动 Access 2010，打开"医院数据"数据库。

② 单击"创建"选项卡下"宏与代码"组中的"宏"按钮，打开宏设计器，Access 自
动创建一个名为"宏 1"的空宏，如图 6-14 所示。

图 6-14　创建名为"宏 1"的空宏

③ 单击"添加新操作"下拉列表框右侧的下拉按钮，选择"OpenForm"宏操作，设置参数，如图 6-15 所示。

图 6-15　添加"OpenForm"宏操作并设置参数

④ 单击"添加新操作"下拉列表框右侧的下拉按钮，选择"MaximizeWindow"宏操作，如图 6-16 所示。注意，该宏操作无参数。

图 6-16　添加"MaximizeWindow"宏操作

⑤　单击左上角快速访问工具栏中的"保存"按钮或执行"文件"选项卡下的"保存"命令，弹出"另存为"对话框，输入"宏名称"为"打开住院科室信息"，如图 6-17 所示，单击"确定"按钮。至此完成宏的创建，如图 6-18 所示。

图 6-17　输入宏名

图 6-18　创建的"打开住院科室信息"宏

【例 6.2】 在"医院数据"数据库中创建一个独立宏，要求打开数据库文件时自动弹出一个欢迎对话框，然后显示"住院病人信息表"，具体操作步骤如下。

① 启动 Access 2010，打开"医院数据"数据库。

② 单击"创建"选项卡下"宏与代码"组中的"宏"按钮，打开宏设计器，Access 自动创建一个名为"宏 1"的空宏。

③ 单击"添加新操作"下拉列表框右侧的下拉按钮，选择"MessageBox"宏操作，设置参数，如图 6-19 所示。

④ 单击"添加新操作"下拉列表框右侧的下拉按钮，选择"OpenTable"宏操作，设置参数，如图 6-20 所示。

图 6-19 添加"MessageBox"宏操作并设置参数

图 6-20 添加"OpenTable"宏操作并设置参数

⑤ 单击左上角快速访问工具栏中的"保存"按钮或执行"文件"选项卡下的"保存"命令，弹出"另存为"对话框，输入"宏名称"为"AutoExec"（不区分大小写），单击"确定"按钮，完成宏的创建。

⑥ "MessageBox"宏操作运行结果如图 6-21 所示。

图 6-21 "MessageBox"宏操作运行结果

6.3.2 创建条件宏

通常情况下，宏中的各个操作是按从上往下的顺序执行的。但在某些实际应用中，经常会要求宏能够根据给定的条件判断是否执行。Access 2010 较好地解决了这一实际需求，引入了 If 宏操作（其实质是 If 宏操作块），使宏具有了逻辑判断能力。即只有在符合一定条件时，宏操作才会执行，这就是条件宏。

If 宏操作根据表达式的结果来决定 If 宏操作块内的其他操作是否执行，这个表达式就是对"条件"的体现，其计算结果必须为 True 或 False。只有当表达式的结果为 True 时，宏操作才能继续执行。此外，还可以使用 Else If 和 Else 来扩充 If 宏操作功能，实现更为复杂的流程控制。

创建条件宏的具体操作步骤如下。

① 在"添加新操作"下拉列表中选择"If"宏操作，也可以在"操作目录"窗格中双击或拖曳"If"宏操作实现添加。

② 在 If 宏操作顶部的"条件表达式"文本框中输入表达式（该表达式的计算结果必须为 True 或 False）。

③ 向 If 宏操作块内添加宏操作（添加方法与创建独立宏的添加宏操作方法相同），可以添加一个或多个宏操作，如图 6-22 所示。当"条件表达式"文本框中的表达式计算结果为 True 时，If 宏操作块内的各个操作会执行；若表达式计算结果为 False，则 If 宏操作块内的各个操作将不会执行。

④ 根据实际需求，添加 Else If 或 Else 宏操作，这里添加 Else，如图 6-23 所示。

图 6-22　向 If 宏操作块内添加宏操作

图 6-23　为 If 宏操作添加 Else

需要注意的是，在 If 宏操作的"条件表达式"文本框中输入表达式时，如需引用窗体、报表或控件，则需按以下格式输入。

- 引用窗体：Forms![窗体名]。
- 引用窗体属性：Forms![窗体名].属性。
- 引用窗体控件：Forms![窗体名]![控件名]或[Forms]![窗体名]![控件名]。
- 引用窗体控件属性：Forms![窗体名]![控件名].属性。
- 引用报表：Reports![报表名]。
- 引用报表属性：Reports![报表名].属性。
- 引用报表控件：Reports![报表名]![控件名]或[Reports]![报表名]![控件名]。
- 引用报表控件属性：Reports![报表名]![控件名].属性。

【例 6.3】　设计一个简单的"用户登录"窗体并创建一个名为"用户验证"的宏，要求只有输入密码"123"时才弹出"密码正确"对话框并打开"住院医生护士信息窗体"；输入其他密码时提示"密码错误，请重新输入！"并清除输入框中的数据。

具体操作步骤如下。

① 启动 Access 2010，打开"医院数据"数据库。

② 创建"用户登录"窗体，添加一个名称为"text0"的文本框和一个标题属性为"确定"的命令按钮，如图 6-24 所示。

图 6-24 "用户登录"窗体

③ 打开宏设计器，添加 If 宏操作：单击宏设计器编辑区内的"添加新操作"右侧下拉按钮，选择"If"宏操作。

④ 在"If"宏操作的"条件表达式"文本框中输入"[text0]="123"'，如图 6-25 所示。

⑤ 在 If 块内的"添加新操作"下拉列表中选择"MessageBox"宏操作，设置参数，如图 6-26 所示。

图 6-25 添加条件表达式

图 6-26 设置"MessageBox"宏操作参数

⑥ 在 If 块内的"添加新操作"下拉框列中选择"OpenForm"宏操作，设置参数，使其打开"住院医生护士信息窗体"，如图 6-27 所示。

⑦ 添加 Else 块，在 If 操作块内的右下角单击"添加 Else"超链接。

⑧ 在 Else 块内的"添加新操作"下拉列表中选择"MessageBox"宏操作，设置参数；继续添加"SetProperty"宏操作（该操作的功能是清除控件中的数据）并设置参数，如图 6-28 所示。

⑨ 保存宏，命名为"用户验证"。

⑩ 将"用户登录"窗体中"确定"按钮的"单击"事件指定为"用户验证"宏，如图 6-29 所示。保存"用户登录"窗体，完成窗体功能设计。

图 6-27　设置 "OpenForm" 宏操作参数　　　　　图 6-28　设置 "SetProperty" 宏操作参数

图 6-29　为 "确定" 按钮绑定宏

6.3.3　创建嵌入式宏

嵌入式宏（也称嵌入宏）是指嵌入在窗体、报表或控件等对象的事件属性中的宏。与独立宏不同的是，嵌入式宏作为一个事件属性直接附加在对象上，并不独立显示在宏设计器及导航窗格的 "宏" 对象列表中，且只能被所附加的事件调用。

应用嵌入式宏可以使数据库的管理更容易，在每次复制、导入/导出窗体或报表时，嵌入式宏和窗体或报表的其他属性一样附于窗体或报表中。

【例 6.4】　在 "住院费用信息窗体" 数据表窗体中创建嵌入式宏，实现单击数据表窗体中的 "管床医生编码" 时，打开 "住院医生护士信息窗体"，以显示该医生的详细信息，如图 6-30 所示。

具体操作步骤如下。

① 启动 Access 2010，打开 "医院数据" 数据库。

② 以设计视图或布局视图模式打开 "住院费用信息窗体"，选择 "管床医生编码" 文本框，切换到 "属性表" 窗格中的 "格式" 选项卡，将 "是超链接" 属性设置为 "是"，如图 6-31 所示。

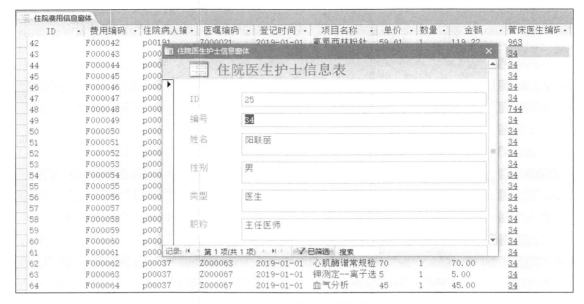

图 6-30　嵌入式宏的运行效果

图 6-31　设置超链接

③ 切换到"属性表"窗格中的"事件"选项卡，单击该选项卡内"单击"属性最右侧的"生成器"按钮，在弹出的"选择生成器"对话框中选择"宏生成器"选项，如图 6-32 所示。单击"确定"按钮，打开宏设计器。

④ 在打开的宏设计器中添加"OpenForm"宏操作并设置参数，如图 6-33 所示。其中，"当条件="设置为"[编号]=[Forms]![住院费用信息窗体]![管床医生编码]"，即"住院医生护士信息窗体"中的"编号"等于"住院费用信息窗体"中的"管床医生编码"。

⑤ 保存并关闭宏设计器，完成嵌入式宏的创建，如图 6-34 所示。

图 6-32　"选择生成器"对话框

图 6-33　设置"OpenForm"宏操作参数

图 6-34　包含嵌入式宏的事件

6.3.4　创建宏组

宏与数据表、窗体一样，都有自己的名字，由一个或多个操作组合而成，用于完成特定的任务。当宏的数量较多时，用户可以创建宏组对宏进行管理，以方便对数据库的管理和维护。宏组（也称为组块）是一种将多个宏操作封装为一个命名实体的方式，可以独立地折叠、复制和移动，但不是可执行的单元。实际上，宏组只是提供了一种组织方式，以提高宏的可读性，不影响宏组中各个宏的执行。宏与宏组的区别如表 6-11 所示。

如果需要使用宏组中的宏，用户可以在窗体控件的"事件"属性中选择特定的"宏组名.宏名"与宏组中的宏建立联系。

表 6-11 宏与宏组的区别

宏	宏　组
宏操作的集合，可以包含一个或多个宏操作	宏的集合，可以包含一个或多个宏
可执行并实现一定的功能	不可执行，仅是一种组织管理方式

【例 6.5】 在"医院数据"数据库中创建"医院数据管理系统"窗体，如图 6-35 所示。要求单击窗体中的各按钮，调用宏组中不同的宏，以实现窗体中各按钮相应的功能。

具体操作步骤如下。

① 启动 Access 2010，打开"医院数据"数据库。

② 单击"创建"选项卡下"宏与代码"组中的"宏"按钮，打开宏设计器，Access 自动创建一个名为"宏 1"的空宏。

例 6.5

③ 单击"添加新操作"下拉列表框右侧的下拉按钮，选择"Submacro"宏操作，将"子宏："后面的"sub1"改成"打开医嘱信息表"；在"添加新操作"下拉列表框中选择"OpenTable"宏操作，设置参数（以只读方式打开"医嘱信息表"），如图 6-36 所示。

图 6-35　"医院数据管理系统"窗体

图 6-36　设置"打开医嘱信息表"子宏

④ 单击 End Submacro 下"添加新操作"下拉列表框右侧的下拉按钮，选择"Submacro"宏操作，将"子宏："后面的"sub2"改成"打开住院病人信息表"；在"添加新操作"下拉列表框中选择"OpenTable"宏操作，设置参数（以只读方式打开"住院病人信息表"）。

⑤ 用同样的方法，创建"打开住院费用信息表"子宏。

⑥ 保存宏组，命名为"查看病人信息"，如图 6-37 所示。

⑦ 单击"创建"选项卡下"宏与代码"组中的"宏"按钮，打开宏设计器，用同样的方法创建"查看医护信息"宏组，其中包含"打开科室信息表""打开住院医生信息表""打开住院护士信息表"3 个子宏。由于医生信息和护士信息在同一张表中，所以应先建立基于"住院医生护士信息表"的两个查询，分别显示医生信息和护士信息。"查看医护信息"宏组如图 6-38 所示。

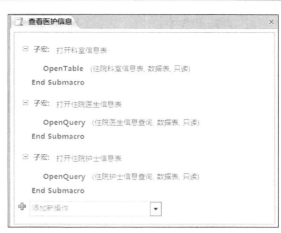

图 6-37　"查看病人信息"宏组　　　　　　图 6-38　"查看医护信息"宏组

⑧ 以"医嘱信息"按钮为例,添加"单击"事件。在设计视图中打开"医院数据管理系统"窗体,打开"属性表"窗格,单击"医嘱信息"按钮,切换到"属性表"窗格的"事件"选项卡,在"单击"下拉列表框中选择"查看病人信息.打开医嘱信息表",如图 6-39 所示。

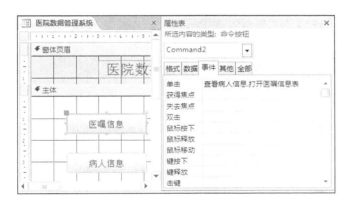

图 6-39　根据单击事件调用宏组中的子宏

⑨ 用同样的方法,为窗体中的其他按钮添加"单击"事件。

6.4　宏的运行和调试

6.4.1　宏的运行

创建宏以后,用户就可以在需要的时候调用运行宏了。宏有多种运行方式,可以直接运行宏,也可以响应窗体、报表及其控件的事件运行宏。

1. 直接运行宏

以下任意一种操作方法均可以直接运行宏。

（1）在宏设计器的导航窗格中双击需要运行的宏。

（2）在宏设计器中，单击功能区中的"运行"按钮。

（3）单击"数据库工具"选项卡下"宏"组中的"运行宏"按钮，在弹出的"执行宏"对话框中选择要执行的宏，单击"确定"按钮。

（4）使用"RunMacro"或"OnError"宏操作调用宏。

2. 响应窗体、报表及其控件的事件运行宏

通常情况下，当窗体、报表及其控件的事件需要使用宏时，用户可以设计嵌入式宏来解决这一问题。但是用户仍然可以将设计完成的独立宏绑定到窗体、报表及其控件的事件中，以对事件做出响应，完成一系列任务。此时，当窗体、报表及其控件的事件发生时，对应的嵌入式宏或绑定的宏会自动运行。

将宏绑定到事件的具体操作步骤如下。

① 创建独立宏。

② 打开窗体或报表并进入设计视图。

③ 在"属性表"窗格的"事件"选项卡中，给相应的事件选择对应的独立宏。

6.4.2　宏的调试

宏的调试是指借助宏设计器功能区中的"单步"按钮进行单步跟踪执行宏操作，观察宏的流程和每个宏操作的运行结果，以排除错误的操作命令或预期之外的操作结果。

"单步"按钮为选择式按钮。单击一次"单步"按钮，该按钮高亮显示，表示启用了单步执行功能，此时每次单击"运行"按钮，宏只会运行一个操作。再单击一次"单步"按钮，该按钮取消高亮显示，表示停用了单步执行功能。单击"运行"按钮，宏的所有操作会依次执行（条件宏则按条件成立与否来决定是否执行宏操作）。

【例 6.6】　调试图 6-1 所示的"Message"宏，具体操作步骤如下。

① 启动 Access 2010，打开"Message"宏。

② 单击宏设计器功能区中的"单步"按钮，使其高亮显示。

③ 单击宏设计器功能区中的"运行"按钮，弹出"单步执行宏"对话框，如图 6-40 所示。

④ 单击该对话框中的"单步执行"按钮，执行"Message"宏中的第一个宏操作。

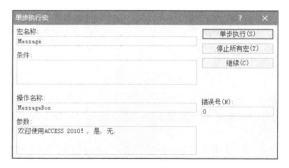

图 6-40　"单步执行宏"对话框

⑤ 重复步骤④，执行"Message"宏中的下一个操作。

在"单步执行宏"对话框中，还有"停止所有宏"按钮和"继续"按钮，它们的功能如下。

（1）"停止所有宏"按钮：停止宏的执行并关闭"单步执行宏"对话框。

（2）"继续"按钮：关闭"单步执行宏"对话框并执行宏的所有操作。

6.5　数　据　宏

6.5.1　数据宏的概念

数据宏是 Access 2010 新增的功能，主要用于在表的事件（如添加、更新或删除数据）中添加逻辑。如果用户希望在表中添加、更新或删除数据前（或后）让 Access 能立即执行一项操作，则可以通过添加数据宏来实现。此外，还可以通过数据宏验证来确保表格中数据的准确性。需要注意的是，数据宏用于在表中实施特定的业务规则，在表中管理面向数据的活动，所能使用的宏操作比标准宏要少得多。

数据宏能在数据表视图中被查看，在"表格工具-表"选项卡中实现管理，并不会显示在导航窗格的"宏"列表内，如图 6-41 所示。数据宏主要有两种类型：一种是触发的数据宏，也称"事件驱动"数据宏；另一种是为响应按名称调用而运行的数据宏，也称"命名"数据宏。

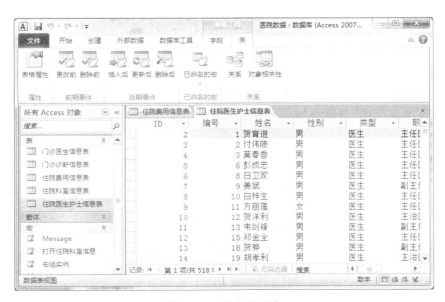

图 6-41　"表"选项卡

数据宏尽管能为表操作提供诸多便利，但并非无所不能。数据宏的没有用户界面、无法显示对话框、无法打开窗体或报表等限制，导致不能使用数据宏向用户告知表中对数据所做的改变或者数据存在的问题。数据宏附属于表，而不是表中的各个字段，当必须监控或更新表中多个字段时，数据宏可能变得非常复杂，但如果用 If 宏操作，则可以很好地处理这一问题。所以在考虑向表中添加数据宏时，应该认真规划。

6.5.2 编辑数据宏

由于数据宏附属于表，没有用户界面，创建生成的数据宏也不会显示在导航窗格的"宏"列表中，因此数据宏的创建、修改及删除等操作与前面介绍的各种类型的宏均不同。

1. 添加"事件驱动"数据宏

添加"事件驱动"数据宏的具体操作步骤如下。

① 启动 Access 2010，在导航窗格中双击要添加数据宏的表。

② 切换到"表格工具-表"选项卡，如图 6-41 所示。

③ 单击需要添加数据宏的事件，如"更改前""删除前""插入后""更新后""删除后"等。

④ 在打开的宏设计器中添加宏操作（与普通宏添加宏操作的方法相同），如图 6-42 所示。

⑤ 单击宏设计器右上角的"保存"按钮，保存数据宏。

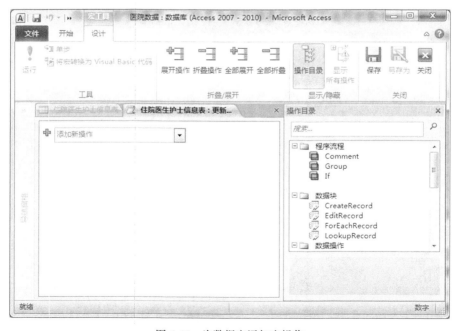

图 6-42　为数据宏添加宏操作

⑥ 单击宏设计器右上角的"关闭"按钮，关闭宏设计器，返回数据表，完成数据宏操作。

⑦ 添加了数据宏的事件将高亮显示，如图 6-43 所示。

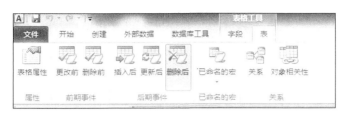

图 6-43　与数据宏关联的事件

2. 添加"命名"数据宏

添加"命名"数据宏的具体操作步骤如下。

① 启动 Access 2010，在导航窗格中双击要添加数据宏的表。

② 切换到"表格工具-表"选项卡，然后单击"已命名的宏"组中的"已命名的宏"按钮，在弹出的下拉列表中选择"创建已命名的宏"选项，如图 6-44 所示。

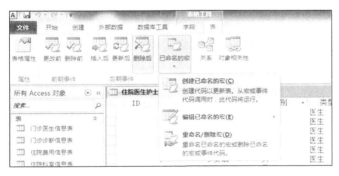

图 6-44　创建"命名"数据宏

③ 在打开的宏设计器中添加宏操作(与独立宏添加宏操作的方法相同)。

④ 单击宏设计器右上角的"保存"按钮，弹出"另存为"对话框，输入宏名称，单击"确定"按钮，如图 6-45 所示。

⑤ 在"已命名的宏"下拉列表的"编辑已命名的宏"中查看所有"命名"数据宏，如图 6-46 所示。

图 6-45　为"命名"数据宏命名

3. 编辑已添加的"事件驱动"数据宏

编辑已添加的"事件驱动"数据宏，具体操作步骤如下。

① 启动 Access，打开需要编辑数据宏的表。

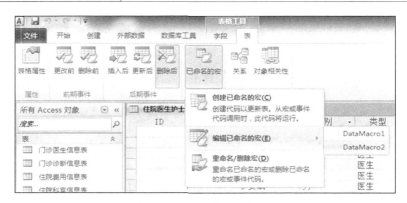

图 6-46　查看"命名"数据宏

② 切换到"表格工具-表"选项卡，单击"前期事件"或"后期事件"组中高亮的事件按钮。

③　在打开的宏设计器中修改宏操作。

④ 单击宏设计器右上角的"保存"按钮和"关闭"按钮，退出宏设计器，完成数据宏的编辑。

4. 编辑已添加的"命名"数据宏

编辑已添加的"命名"数据宏，具体操作步骤如下。

① 启动 Access 2010，打开需要编辑数据宏的表。

② 切换到"表格工具-表"选项卡，单击"已命名的宏"组中的"已命名的宏"按钮，在弹出的下拉列表中选择"编辑已命名的宏"选项，在弹出的宏列表中单击需要编辑的宏。

③ 在打开的宏设计器中修改宏操作。

④ 单击宏设计器右上角的"保存"按钮和"关闭"按钮，退出宏设计器，完成数据宏的编辑。

5. 重命名和删除数据宏

重命名和删除数据宏的具体操作步骤如下。

① 启动 Access 2010，打开需要编辑数据宏的表。

② 切换到"表格工具-表"选项卡，单击"已命名的宏"组中的"已命名的宏"按钮，在弹出的下拉列表中选择"重命名/数据宏"选项。

③ 在弹出的"数据宏管理器"对话框中，单击需要删除的数据宏右侧的"删除"按钮，如图 6-47 所示。

④ 如需修改"命名"数据宏的名称，则需要单击宏名称右侧的"重命名"按钮，输入新的宏名，并单击"关闭"按钮。需要注意的是，"事件驱动"数据宏没有宏名，不能进行"重命名"操作。

图 6-47　"数据宏管理器"对话框

6.6　本 章 小 结

"宏"是 Access 中的对象，宏可以在不编写任何代码的情况下，实现一些编程功能。本章重点介绍了宏的概念、宏的创建及宏的使用。执行宏，用户可以方便、快捷地进行数据操作，尤其是宏与事件的配合，可以完美地解决窗体、报表等数据库对象的复杂应用问题。

6.7　习　　　题

一、单选题

1. 宏是由（　　　）构成的。

    A．宏　　　　　　　　B．条件宏　　　　　C．操作命令　　　　D．独立宏

2. OpenForm 宏操作命令的作用是（　　　）。

    A．打开宏　　　　　B．打开窗体　　　　C．打开报表　　　　D．打开表

3. 自动运行宏的宏名称必须是（　　　）。

    A．AutoExec　　　　　　　　　　　B．AutoExe

    C．任意合适的名称　　　　　　　　D．AutoKey

4. 运行宏，不能修改的是（　　　）。

    A．窗体　　　　　B．表　　　　　　C．数据库　　　　D．宏本身

5. 下列能够创建宏的设计器是（　　　）。

A. 窗体设计器　　　B. 表设计器　　　C. 宏设计器　　　D. 报表设计器

6. 下列用于打开查询的宏操作是（　　　）。

　　A. OpenForm　　　B. OpenReport　　C. OpenQuery　　D. OpenTable

7. 在 Access 数据库系统中，不是数据库对象的是（　　　）。

　　A. 窗体　　　　　B. 报表　　　　　C. 宏　　　　　　D. 数据访问页

8. 关于宏，下列叙述错误的是（　　　）。

　　A. 宏是 Access 的一个对象

　　B. 宏的主要功能是使操作自动进行

　　C. 只有熟悉掌握各种语法、函数，才能编写宏

　　D. 使用宏可以完成许多繁杂的人工操作

9. Beep 宏操作的作用是（　　　）。

　　A. 最大化激活窗口　　　　　　　　B. 最小化激活窗口

　　C. 使计算机发出"嘟嘟"声　　　　D. 退出 Access

10. MaximizeWindow 宏操作的作用是（　　　）。

　　A. 最大化激活窗口　　　　　　　　B. 最小化激活窗口

　　C. 使计算机发出"嘟嘟"声　　　　D. 关闭指定的窗口

二、填空题

1. 宏是由一个或多个_____组成的集合。

2. 如果要建立一个宏，并希望执行该宏后，首先打开一个表，然后打开一个窗体，那么在该宏中应该使用 OpenTable 和_____两个宏操作。

3. 使用单步跟踪执行宏，可以观察宏的_____和每一步操作的结果。

4. 当宏的数量很多时，可以创建_____对宏进行管理。

5. 数据宏主要有两种类型，分别是"事件驱动"数据宏和"_____"数据宏。

第7章
VBA 程序设计基础

第 6 章讲解了提升工作效率的工具——"宏"。宏操作能让 Access 自动地完成一个或一组操作，例如在 Access 中打开一个窗体。但在面对更为复杂的需求时，"宏"显得缺乏效率，例如在 Access 中打开 100 个窗体。

要解决类似的问题，必须了解"宏"背后的工作机制，即"宏"是怎样被创建出来的，用什么工具、按什么规则来设计和实现的。在 Office 中，这一工具就是 Visual Basic for Applications（简称 VBA），它是微软公司设计的一种程序设计语言。本章将介绍 VBA 程序设计的相关内容，以帮助读者高效地使用 Access 数据库。

本章的学习目标如下。

（1）了解算法的基本概念及算法的表示方法。

（2）掌握常用的基本算法。

（3）掌握 VBA 编程环境及 VBA 基本语法规则。

（4）了解 VBA 程序与宏的转换。

（5）掌握 VBA 程序结合窗体设计带界面的应用程序的方法。

7.1　算　法　基　础

"算法"是程序的灵魂。在了解具体的 VBA 工具前，本节将介绍算法是什么、如何表示算法，以及一些常用的算法。

7.1.1　算法的概念

通俗地讲，"算法"是解决问题的方法。在生活中，我们经常会遇到各种需要解决的问题。例如，怎样设计一条最省时的旅游线路，怎样以最优惠的价格买到所需商品，怎样买卖股票使自己的资产增值等。

算法的概念

如果我们能找到一系列的步骤或方法来解决这些问题，那么这些步骤和方法就是算法。以上问题很难解决，因为设计算法不仅需要有充足、真实、可信的数据，还需要依赖数学、统计学、决策分析、心理学等众多相关知识作为支撑。

但是并非所有的算法都让我们觉得遥不可及，许多基本算法还是非常容易理解的。如果我们希望通过计算机来求解问题，那么一定要先理解问题，并找到算法；否则即便是我们认为非常简单的问题，计算机也无法给出正确的答案。

【例 7.1】 从 1～100 中选取任意 1 个数写在纸上（假设被写在纸上的数为 100），尝试用最短的时间把这个数猜出来，尝试的过程中可以从对方处得到"数字大了""数字小了""你猜对了"的不同提示。

我们应该如何设计一种算法让计算机来猜出这个数字呢？

一种简单的算法是从 1 开始按依次累加的规则往大数猜。

猜数："1"→提示："数字太小"

猜数："2"→提示："数字太小"

猜数："3"→提示："数字太小"

……

猜数："100"→提示："你猜对了"

也许读者会认为这只是"运气"不太好，如果把猜数的顺序倒过来，从 100 开始依次递减往小数猜，那么在第一次就可以猜对。但就概率来讲，两者都是一样的，因为这两种"算法"每一步都只排除了 1 个数字。

有经验的读者会设计一种更有效的猜法，即从中间开始。

猜数："50"→提示："数字太小"（第一步没有猜中，但是排除了 50 个数）

猜数："75"→提示："数字太小"（75 这个数字是如何被选中的呢？因为它在 50～100 的中间）

……

思考：如果被挑选的那个数依旧是 100，依照这种算法还需要几次就能猜到呢？

如果读者能顺利猜到这个数，那么你已经学会了"二分查找"算法。它能够大大提升查询的效率。例如，对于包含 n 个元素的列表，用简单查找最多需要 n 步，而用二分查找最多只需要 $\log_2 n$ 步。

下面再介绍一个实例，让在指定范围内猜数字的过程具有更广泛的适用性。为了便于思考和描述，这里把猜数控制在比较小的范围内。

【例 7.2】 随机挑选一个 1～9 中的数作为"目标数"，在 1～9 顺序排列的数列中通过二分查找法查找该数，如表 7-1 所示。

输入一个"目标数"6，左边界为 1，右边界为 9。

表 7-1　　　　　　　　　　　　　　　　在 1～9 中找出目标数

目标数 6	1	2	3	4	5	6	7	8	9
目标数 6	1	2	3	4	5	6	7	8	9
目标数 6	1	2	3	4	5	6	7	8	9

查找过程如下。

第一步：找出 1～9 的中间数 5 作为竞猜值。

第二步：比较"目标数"6 与"竞猜值"5 的大小关系，因为 6>5，所以提示"数字太大"并确定新的左边界为 5。

第三步：找出 5～9 的中间数 7 作为竞猜值。

第四步：比较"目标数"6 与"竞猜值"7 的大小关系，因为 6<7，所以提示"数字太小"，并确定新的右边界为 7。

第五步：找出 5～7 的中间数 6 作为竞猜值。

第六步：比较"目标数"6 与"竞猜值"6 的大小关系，因为 6=6，所以提示"猜对了，数字是 6"。

在以上的 6 个步骤中，第一、三、五步的功能一样，第二、四、六步的功能一样，可以将它们分开描述，也可以将第一和第二步，第三和第四步，第五和第六步组合起来完成。找出相似的步骤后，分析并定义动作，尽可能对其进行标准化描述，如表 7-2 所示。

表 7-2　　　　　　　　　　　　　　　　标准化地描述竞猜过程

输入：目标数 6，左边界 1，右边界 9
步骤 1 根据左右边界计算中间数作为竞猜值
步骤 2 如果目标数>竞猜值，则反馈"太大"并将中间数作为新的左边界 如果目标数<竞猜值，则反馈"太小"并将中间数作为新的右边界 如果目标数=竞猜值，则反馈"猜对"
步骤 3 根据左右边界计算中间数作为竞猜值
步骤 4 如果目标数>竞猜值，则反馈"太大"并将中间数作为新的左边界 如果目标数<竞猜值，则反馈"太小"并将中间数作为新的右边界 如果目标数=竞猜值，则反馈"猜对"
步骤 5 根据左右边界计算中间数作为竞猜值
步骤 6 如果目标数>竞猜值，则反馈"太大"并将中间数作为新的左边界 如果目标数<竞猜值，则反馈"太小"并将中间数作为新的右边界 如果目标数=竞猜值，则反馈"猜对"
输出：竞猜值

可以将以上步骤泛化为从 $n\sim m$ 顺序排列的数字中查找特定数 x 的步骤，如果按以上的做法，每一步动作都需要重复地写出来，太过于烦琐了。

有一种更好的方法，即引入"循环"这一规则，让表达更加简洁，如表 7-3 所示。

表 7-3　　　　　　　　　　　　　引入循环后的竞猜步骤

输入：目标数 x，左边界 n，右边界 m
步骤 1 重复步骤（步骤 2～步骤 5），直到竞猜值等于目标数
步骤 2 根据左右边界计算中间数作为竞猜值
步骤 3 如果目标数>竞猜值，则反馈"太大"并将中间数作为新的左边界
步骤 4 如果目标数<竞猜值，则反馈"太小"并将中间数作为新的右边界
步骤 5 如果目标数=竞猜值，则反馈"猜对"
输出：竞猜值

以上实例讲解了什么是算法，下面给出算法更为正式的定义。

算法是一组明确步骤的有序集合，它产生结果并在有限的时间内终止。

（1）有序集合。算法必须是一组定义完好且排列有序的指令集合。

（2）明确步骤。算法的每一步必须有清晰的定义，不能有歧义。

（3）产生结果。算法有一个或多个输出作为结果。

（4）在有限时间内终止。一个算法的执行步骤必须在有限时间内终止，否则不能称为算法。

7.1.2　结构化编程的 3 种结构

计算机很擅长"计算"，这些"计算"指的是一些基本指令或语句，例如"将两个数做加法"或者"比较两个数的大小"等。但其面对复杂的操作就不那么擅长了，例如"对 n 个数字进行排序""找出 n 个数中的最大值"，以及上一小节的"猜数字"游戏等。

结构化编程的
3 种结构

面对这些复杂的操作,计算机必须把基本指令和语句通过一定的逻辑结构组合起来，这种组合方式称为结构化编程。

结构化编程有 3 种结构：顺序结构、选择结构（条件判断）和循环结构。

1. 顺序结构

顺序结构是最符合自然语言习惯的一种结构，指令按自上而下的顺序依次执行。指令可以是简单指令，也可以是其他两种结构指令。

一个典型的例子是：A 杯子中装有可乐，B 杯子中装有清水，问如何交换两个杯子中的液体。交换顺序如表 7-4 所示。

表 7-4	交换顺序（一）
	引入第三个杯子 C
	1.　从 A 倒入 C
	2.　从 B 倒入 A
	3.　从 C 倒入 B

另外一种交换顺序如表 7-5 所示。

表 7-5	交换顺序（二）
	引入第三个杯子 C
	1.　（　　　）倒入（　　　）
	2.　（　　　）倒入（　　　）
	3.　（　　　）倒入（　　　）

思考 1：写出第三种方法。

思考 2：顺序结构的执行顺序可以随意打乱吗？为什么？

2. 选择结构

选择结构又被称为"条件判断结构"或"分支结构"。算法在选择结构中会因条件的区别而产生不同的分支。在前面介绍的"猜数字"游戏中也用到了这种结构，即当"目标数"与"竞猜值"的大小关系不同时，程序下一步要执行的指令也不相同。

选择结构在实现时有单分支、双分支或多分支等不同的表达方式。

【例 7.3】　使用不同的分支结构描述周末天气与周末活动的对应关系。

① 单分支。例如，如果周末天晴，我就去爬山。

说明：上述语句限定了爬山这项活动只在周末天晴时发生。

② 双分支。例如，如果周末天晴，我就去爬山，否则就在家看书。

说明：周末天晴与否都有对应活动。

③ 多分支。例如，如果周末天晴，我就去户外爬山；如果周末下雨，我就在家看书；如果周末下雪，我就去堆雪人。

说明：对应 3 个或 3 个以上不同的条件都有不同的选择。

选择结构中"条件"的返回值一般是一个逻辑值，即"真"或"假"，对应其条件成立或不成立的情况。

在上述的诸多活动（爬山、看书、堆雪人）中，每次只有一项会被执行。在编写程序时，尤其需要在语法上注意后续指令与前期条件的对应关系，否则极易产生算法上的错误。

3. 循环结构

在某些问题中，相同的一些指令序列需要重复执行，此时可以用循环结构来解决这个问题。"猜数字"的二分查找法中就使用了这种结构。

循环结构有时会被分成两种类型：限次循环和条件循环。严格来讲，限次循环也是条件循环的一种形式。

（1）限次循环，即明确限制了循环的次数。例如，"将一个单词重复抄写 10 次""从 1 累加到 100"等。

（2）条件循环，即没有限制具体的循环次数，但是设定了循环执行或者循环结束的条件。

① 设定了循环执行条件的循环一般称为"当型"循环，程序中多用 While 表示。例如，"当你肚子饿时，啃一口面包"，这里没有限定你吃多少口面包，而是当你肚子饿的条件成立时就不断重复啃一口面包的动作。

② 设定了循环结束条件的循环一般称为"直到型"循环，程序中多用 Until 表示。例如，"啃一口面包，直到你吃饱"。

7.1.3 算法的表示

在第 7.1.1 小节中介绍了什么是算法，也初步讲解了如何描述一个算法。算法描述要准确，不能存在"二义性"，伪代码和流程图是算法描述的常用工具。

1. 伪代码

伪代码（Pseudocode）是一种用于描述模块结构图的非正式语言。使用伪代码的目的是使被描述的算法可以更容易地以任何一种编程语言（Pascal、C、Java 等）来实现。因此，伪代码必须结构合理、代码简单、可读性强，并与自然语言类似。

【例 7.4】 要求输入 3 个数，打印输出其中最大的数，可用如下伪代码表示。

```
Begin(算法开始)
输入 A,B,C
If A>B 则 A→Max
否则 B→Max
If C>Max 则 C→Max
Print Max
End(算法结束)
```

2. 流程图

流程图（Flow Chart）使用图形表示算法，常用的几种图形及其功能说明如下。

（1）圆角矩形表示"开始"与"结束"。 开始 / 结束

（2）矩形表示行动方案、普通工作环节。 工作流程

（3）菱形表示问题判断或判定（审核/审批/评审）环节。 判断

（4）平行四边形表示输入或输出。 输入 / 输出

（5）箭头代表工作流方向。 ↓

【例 7.5】 要求输入 3 个数，打印输出其中最大的数，可用图 7-1 所示的流程图表示。

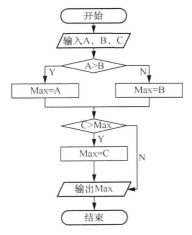

图 7-1　输出 3 个数中的最大值

7.1.4　基本算法

1. 累加求和

累加求和是一种常用算法。例如，把 1,2,3,…,100 这些数相加。

如果不使用等差数列公式，直接计算可以使用以下算法。

```
Begin
    SUM=0            '初始化 SUM
    N=1              '初始化循环变量
    LOOP N<=100      '循环 100 次
        Begin
            SUM=SUM+N
            N=N+1
        End Loop     '结束循环
End
```

2. 累乘

如果将累加稍作修改，即可实现累乘。例如，求 N 的阶乘，可以使用以下算法。

```
Begin
    SUM=1            '初始化 SUM
    N=1              '初始化循环变量
    LOOP N<=100      '循环 100 次
        Begin
            SUM=SUM*N
            N=N+1
        End Loop     '结束循环
End
```

3. 求最大值或最小值

找出一组数中的最大值或最小值。求最大值，可以使用以下算法。

```
Begin
    List[1,2,3,…]=(n1,n2,n3,…)      '输入一组数字
    Max=List[1]                     '初始设定第一个为最大值
    N=2
    LOOP N<=100                     '循环 100 次
        Begin
            If Max<List[n] then Max=List[n]
            N=N+1
            End Loop                '结束循环
End
```

对上述代码只要稍做修改，即可求出最小值。

4. 排序

排序是计算机科学中最为普遍的一种应用。当数据达到一定数量时，它们的排列是否有规律将直接影响人们查询的速度。排序的方法有很多，例如冒泡排序、选择排序、插入排序等，下面将介绍冒泡排序法。

基本思想：两个数比较大小，较大的数下沉，较小的数冒出来。比较过程如下。

① 比较相邻的两个数，如果第二个数小，就交换位置。

② 从后向前两两比较，一直比较到最前面的两个数。最终最小数被交换到起始的位置，这样第一个最小数的位置就排好了。

③ 重复上述过程，直到将所有数的位置排好。

【例 7.6】 对下列的数组进行排序。

这是一个无序的数组：2,9,4,8,5,1,0,7,3,6。

比较规则：大于（>）。

第一轮

第一次比较：2 和 9 做比较，2>9 吗？假，继续向前。

第二次比较：9 和 4 做比较，9>4 吗？真，交换两数位置。

经过这次交换，数组变成：2,4,9,8,5,1,0,7,3,6。

第三次比较：9 和 8 做比较，9>8 吗？真，交换两数位置。

经过这次交换，数组变成：2,4,8,9,5,1,0,7,3,6。

……

9 的位置步步后移，比较到最后，数组变成：2,4,8,5,1,0,7,3,6,9。

经过第一轮比较，最大的元素被放到了最后。

第二轮

原数组 2,9,4,8,5,1,0,7,3,6，变成 2,4,8,5,1,0,7,3,6,9。

第一次比较：2>4 吗？假，继续向前。

第二次比较：4>8 吗？假，继续向前。

第三次比较：8>5 吗？真，交换两数位置，此时数组变成：2,4,5,8,1,0,7,3,6,9。

第四次比较：8>1 吗？真，交换两数位置，此时数组变成：2,4,5,1,8,0,7,3,6,9。

……

此轮结束后，原数组变成：2,4,5,1,0,7,3,6,8,9。

经过两轮的比较，最后面的两位数已经有序排列。

依此类推，比较 10 轮后，这个数组已经排好顺序。冒泡排序的原理，即相邻元素比较，每一轮"冒"出一个有序的值。

思考：尝试使用伪代码写出以上算法。

7.2　VBA 编程环境

在掌握算法的基础知识后，还需要一个工具来实现它。下面介绍如何在 VBA 编程环境中编写程序。

7.2.1　进入 VBA 编程环境

首先要进入 Access 中的 VBA 编程环境。通常，可以通过以下几种方法进入。

方法 1：

① 打开 Access，新建或打开已有数据库。

② 单击"数据库工具"选项卡下"宏"组中的"Visual Basic"按钮。

进入 VBA
编程环境

方法 2：

① 打开 Access，新建或打开已有数据库。

② 单击"创建"选项卡下"宏与代码"组中的"Visual Basic"按钮。

方法 3：

① 打开 Access，新建或打开已有数据库。

② 按快捷键 Alt + F11。

在打开的界面中执行"插入"菜单下的"模块"命令，打开的界面如图 7-2 所示。

VBA 开发界面由菜单、快捷工具栏及"工程""属性""代码"3 个窗口组成。

（1）"工程"窗口（见图 7-3）：以层次列表结构显示和管理数据库中所有"模块"和"类模块"。双击工程窗口中的某个模块，该模块的内容即会在"代码"窗口中显示出来。用鼠标右键单击列表中的项目，可以执行相应的命令对其进行"插入"或"移除"操作。

（2）"属性"窗口（见图 7-4）：显示和设置选定模块的属性。

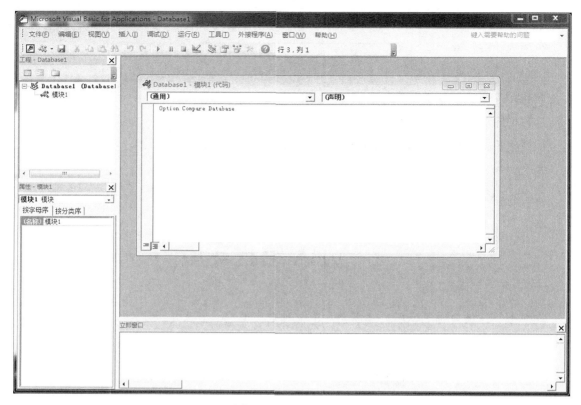

图 7-2　VBA 开发界面

图 7-3　"工程"窗口

图 7-4　"属性"窗口

（3）"代码"窗口（见图 7-5）：显示和编辑代码。

以上 3 个窗口在使用 VBA 编写程序时应用较多，它们的位置可以自由调整，也可以将它们临时关闭。被关闭的窗口可以从"视图"菜单中重新打开，如图 7-6 所示。

在"视图"菜单中还可以打开其他窗口，如在"调试"程序时经常用到的"立即窗口""本地窗口""监视窗口"，后续要用来进行界面设计的"工具箱"也包含在该菜单中。

图 7-5　"代码"窗口　　　　　　　　　　图 7-6　"视图"菜单

7.2.2　简单的 VBA 编程

进入 VBA 编程环境后，可以开始尝试编写第一个程序。

【例 7.7】　用 VBA 编写显示"hello VBA！"的程序，具体操作步骤如下。

简单的 VBA
编程

① 打开 VBA 编程环境，在"代码"窗口空白处单击，使鼠标光标在窗口中闪烁。

② 在"插入"菜单（见图 7-7）中，执行"过程"命令。

③ 在弹出的"添加过程"对话框中，在"名称"文本框中输入"hello"，然后单击"确定"按钮，如图 7-8 所示。

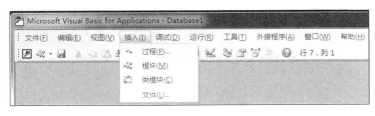

图 7-7　"插入"菜单　　　　　　　　　图 7-8　"添加过程"对话框

"代码"窗口中会自动添加以下两行代码。

```
Public Sub hello()

End Sub
```

④ 在这两行代码之间输入以下语句，如图 7-9 所示。

```
MsgBox ("Hello VBA!")
```

⑤ 单击"保存"按钮■，在弹出的"另存为"对话框中将该模块命名为"模块 1"，如图 7-10 所示。

图 7-9 代码输入效果

图 7-10 "另存为"对话框

⑥ 执行"运行"菜单中的"运行子过程/用户窗体"命令（见图 7-11），或者按快捷键 F5。

图 7-11 运行程序

⑦ 启动程序，即可看到弹出的对话框，如图 7-12 所示。

也可以把步骤④中输入的语句更换为以下代码，如图 7-13 所示，并在"视图"菜单中打开"立即窗口"。

```
Debug.Print "Hello VBA!"
```

图 7-12 弹出的对话框

图 7-13 修改代码

当运行程序时，会在"立即窗口"中看到同样的字符串，如图 7-14 所示。

图 7-14 "立即窗口"中的显示结果

借助以上程序，实现了让计算机显示"Hello VBA!"的功能。这个功能虽然简单，但是输出部分是每个程序不可或缺的。

VBA 程序的执行以"过程"为基本单位，在一个模块中可以包含多个过程。用户可以通过"插入"菜单添加过程，也可以直接在"代码"窗口中创建一个过程。

过程有不同的类型和范围。前面创建的是一个公共的（Public）子程序 Sub，因此当确定了过程的名称"hello"后，在名称前输入以上关键词，并在过程代码全部结束时输入"End Sub"作为结尾，即可创建一个完整的子程序。

思考 1：请尝试不借助菜单创建一个名称为"nihao"、范围为私有的（Private）子程序 Sub，并且将显示的内容修改为"你好 VBA!"。

思考 2：名称可以使用中文吗？为什么？

下面再来尝试编写几个简单的程序。

一个新的"过程"就像一个新的段落，可以添加到已有"过程"的前面或后面。此处，为了更清楚地看到新"过程"的执行结果，删除了原有的过程，模块中只包含一个过程。

尝试 1：

```
Public Sub jiafa ()
a = 1
b = 2.6
Debug.Print a + b
End Sub
```

结果显示如下：

```
3.6
```

尝试 2：

```
Public Sub jiafa ()
a = 1
b ="hello"
Debug.Print a + b
End Sub
```

结果显示如图 7-15 所示。

这一次运行 VBA 代码后，Access 通过对话框报告了一个错误，并提示了这个错误发生的原因是"类型不匹配"。在该对话框中有 4 个按钮，单击后所实现的功能也各不相同。

图 7-15　错误提示

① 如果单击"帮助"按钮，会打开"Access 帮助"窗口（见图 7-16），告知有关这种错误的相关信息。

② 如果单击"调试"按钮，会标示出引起错误的语句，如图 7-17 所示。

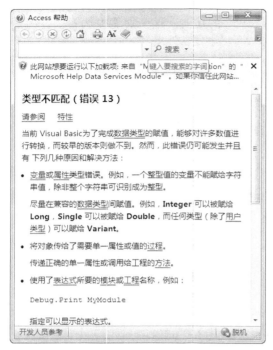

图 7-16　"Access 帮助" 窗口　　　　图 7-17　调试代码指出错误语句

③ 如果单击 "结束" 按钮，则停止运行程序。

这种错误是在学习程序设计初期经常会遇到的错误，可以称为 "语法错误"，主要是由于用户不知道这种语言正确的表达方式而产生的。要避免这类错误的发生，应当清楚地了解这门语言的规则。

7.3　VBA 语法基础

本节将以 VBA 语法为例，介绍数据类型、常量与变量、表达式、函数的相关规则和概念，目的是让读者能够使用 VBA 语法准确地表达自己希望完成的 "计算"。这些规则和概念在不同的编程语言和工具中并不完全相同，但非常相似，了解本节这些概念与规则有利于将来学习其他的语言或工具。

7.3.1　数据类型

计算机运算时离不开数据的参与。在计算机中，数据使用二进制的形式存储和传输。程序要将一连串的二进制数据识别成有意义的数字或字符，这需要在存储和使用这些数据时规定好它们在存储器中所占的空间及运算规则。

程序设计语言中都会使用"数据类型"这一概念来解决这一问题。

例如，字符型用来存储 ASCII 字符，因为字符数量较少（128 个），所以一般分配两个字节的空间就已经足够了，但是如果要引入汉字或其他字符，就应该使用更多的存储空间。

Access 2010 的 VBA 编程环境提供了以下数据类型，如表 7-6 所示。

表 7-6　　　　　　　　　　　　　　　　VBA 编程中的数据类型

序　　号	类　型　名	关　键　字	类　型　符	存储空间（字节）
1	字节型	Byte		1
2	整型	Integer	%	2
3	长整型	Long	&	4
4	单精度浮点型	Single	!	4
5	双精度浮点型	Double	#	8
6	十进制小数型	Decimal		14
7	货币型	Currency	@	8
8	字符串型	String	$	按需分配
9	日期型	Date		8
10	布尔型	Boolean		2
11	变体型	Variant		16
12	对象型	Object		

表 7-6 所示的第 1～7 项，虽然有不同的名称，但都是数值型，都可以进行数值运算。这些数据类型之间还可以混合使用。例如，"整型+单精度浮点型"，这种操作在 VBA 语法中是允许的。

1. 字节型（Byte）

字节型用 1 个字节（即 8 位二进制）的空间存储一个无符号整数，取值范围为 0～255。

2. 整型（Integer）

整型不等同于整数，因为它只被分配两个字节（即 16 位二进制），并且需要表示正数与负数，所以它能表示的取值范围非常小（−32 768～32 767）。

如果在某种数据类型存储单元中存放超过它取值范围的值，就会引起语法错误，如图 7-18 所示。

图 7-18　溢出错误提示

```
Public Sub err1 ()
Dim a As Integer          '定义变量 a 为整型
a = 32767+1               '给变量 a 赋值,使其超过整型范围
Debug.Print a            '输出 a 的值
End Sub
```

3. 长整型（Long）

长整型类似于整型，但取值范围比整型大，分配有 4 个字节（32 位二进制），可以用来存储较大的整数（$-2\,147\,483\,648 \sim 2\,147\,483\,647$）。

对只存储整数的数据类型而言，其取值范围完全由系统分配的空间大小是否需要表示负数而定。

思考：假如系统中设计了一个"更长整型"分配有 8 个字节（64 位二进制），可以表示正负数，你知道如何确定其取值范围吗？

4. 单精度浮点型（Single）

浮点数（Float）是指带有小数部分的数，可简单理解为"实数"。它与整型数在计算机中存储的方式是完全不同的。受存储空间的限制，浮点数的表示不仅在取值范围上受限，还会对精度有影响。

单精度浮点型占 4 个字节（32 位二进制），符号占 1 位，指数占 8 位，尾数占 23 位，可以精确到 7 位有效数字。

5. 双精度浮点型（Double）

双精度浮点型占 8 个字节（64 位二进制），符号占 1 位，指数占 11 位，尾数占 52 位，可以精确到 15 位有效数字。

6. 十进制小数型（Decimal）

十进制小数型类似于双精度浮点型，但不可以直接用它定义一个变量，一般不会使用它。

7. 货币型（Currency）

货币型是专门为记录货币值而设置的数据类型，可精确到小数点后 4 位，小数点前 15 位。它兼顾了较大的整数取值范围，小数部分也足以满足货币的功能需求。它的存储方式和浮点数的存储方式不同，因为它的小数点位置是固定的，所以它属于定点数据类型。

8. 字符串型（String）

例 7.7 输出了一串文字"Hello VBA!"，它即是字符串型的。在编写代码时，需使用英文状态的一对双引号将文字包含在其中，以区别于其他数据类型。字符串所包含的内容是非常丰富的，任何可以通过键盘输入的字符都可以作为字符串的一部分。如果在一对英文双引号之间不输入任何符号，则称其为"空"字符串。

字符串有两种：变长字符串与定长字符串。

- 变长字符串最多可包含大约 20 亿（2^{31}）个字符。
- 定长字符串可包含 $1 \sim 65\,536$（2^{16}）个字符。

当定义一个 String 变量时，系统将其默认为变长字符串，其长度由它所包含字符内容决定。如果要定义一个变长字符串，可以使用 String * n。n 为字符串固定长度，赋值时，超过长度 n 的部分会被系统丢弃。例如，定义一个存储单元为 String * 4，往里存入"123456"，最终保留下来的是"1234"。

9. 日期型（Date）

日期型用来表示日期和时间。为了与字符串型区分开，日期型通常采用两个"#"将数据括起来。例如，#2019/4/20#、#4/20/2019#、#20/4/2019#，系统都会自动将它们转换为#月/日/年#的格式。

如果同时有日期和时间，则中间必须使用空格分开（例如#4/20/2019 11:59:59 PM#），否则系统无法正确识别。当然也可以只输入时间，例如#11:59:59 PM# 或者 #10:01:01 AM#。

10. 布尔型（Boolean）

布尔型也称为逻辑型，只有 True（真）、False（假）两个值，用来表示逻辑判断的结果和状态。当将布尔型作为数字操作时，False 的值为 0，True 的值为-1。而如果将数字当作布尔型处理时，0 对应的值为 False，非 0 数字对应的值为 True。

11. 变体型（Variant）

如果在声明时没有说明具体的数据类型，系统会将其默认为变体型。它的特殊性在于似乎可以用来存放任何类型的数据。但还是建议尽可能不要使用变体型：一方面，是因为变体型在某些时候会引起一些莫名的错误产生，就像一个什么都能做的人，你很难要求他什么都做好；另一方面，准确声明合适的数据类型是正确完成计算的基础，应该清楚地向计算机提出明确的数据类型要求，而不是由它来帮你决定。

12. 对象型（Object）

对象型表示任何对象数据类型，存储对象变量。

7.3.2　常量与变量

程序在执行过程中会引用和产生数据，这些数据会被临时存储到计算机的"内存"（RAM）中。如果要找到这些数据则需要通过"地址"来访问它们。在计算机的世界中，地址由二进制编码组成。对用户来说，这种编码难以记忆和书写。因此，在高级程序设计语言中都会给这些地址赋予有意义的"名字"。通过"名字"，用户可以方便地引用它们所指向的数据。

临时存储的数据在整个程序执行过程中大多都会发生变化，存储这种数据的存储单元称为"变量"。那些不允许内容发生变化的存储单元称为"常量"。

1. 标识符命名规则

为变量、常量或其他对象"命名"时，需要遵循"标识符命名规则"。如果违反了规则，程序就会报错，提示错误的原因是使用了"非法的标识符"。因此，在为变量或常量命名时，既要便于记忆和理解，也要符合命名规则。在 VBA 语法中，标识符命名规则有以下几点。

（1）以字母（中英文）或下画线开头，由字母、下画线、数字组成。

（2）长度不超过 255 位。

（3）名称中不能包含空格、小数点等标点符号或加、减、乘、除等运算符号。

（4）不能使用系统已经使用的"保留字"或"关键字"作为名称。

（5）变量名在有效范围内必须唯一，在同一有效范围内不可以有重名变量。

建议命名策略如下。

（1）使用数据类型缩写作为名称前缀。

（2）使用有意义的单词而不是简单字母。

（3）名称长度不超过 25 位。

例如，strName 是一个比较合适的名称。str 表示类型为字符串，Name 表示要存储"姓名"数据，这比用 abc 作为名称更容易让人理解。

2. 变量定义

在正式编程前，必须先完成变量、常量的"定义"这一工作。"定义"通常需要告知计算机以下 3 点信息。

（1）明确数据类型，确定需要为某一个数据准备多大的存储空间。

（2）通过变量或常量命名，确定引用变量或常量内容的方式。

（3）初始化赋值，给常量一个初始值。

对变量而言，可以在以后的编程中对其再次进行"赋值"操作。但是对常量而言，只有这一次给其赋值的机会。也就是说，在整个程序执行过程中，它的值不能再被任意修改。

变量的定义及赋值要求如下。

（1）用数据类型名定义变量。

语法格式：定义词 变量名 As 数据类型名

① 定义词：可以使用 Dim、Static、Public、Private。

② 变量名：符合"标识符命名规则"。

③ 数据类型名：VBA 语法支持的任意数据类型名。

【例 7.8】 定义字符串型与数值型变量。

```
Dim strName As String          '定义一个字符串型变量 strName
Dim x as Single,y As Double    '定义一个单精度型变量 x 和一个双精度型变量 y
```

一行可以定义多个变量，以逗号分隔，每个变量必须有自己的类型声明，不可共用。

【例 7.9】 定义整型变量。

```
Dim a,b As Integer
```

这样定义的类型为整型的变量只有 b，变量 a 的数据类型为变体型。

（2）用数据类型符定义变量。

语法格式：定义词　变量名类型符

部分数据类型具有类型符号，如 String（字符串型）类型符为$，定义时类型符紧接变量名之后，中间不留空格。

【例 7.10 】　用类型符定义字符串型变量。

```
Dim strName$        '定义一个字符串型变量 strName
```

（3）隐式定义——不定义的定义。

在使用 VBA 语法引用变量时，按以上两种方式明确地先做好变量的定义与声明并不是必须的，也可以什么都不定义，而在需要时直接引用变量。

【例 7.11 】　隐式定义数值类型变量。

```
Score=90
```

与很多其他程序设计语言不同，以上这样的代码并不会出错，因为 VBA 中没有"强制"代码编写者要定义清楚每一个变量的数据类型。但是如果你不声明就引用，这些变量的类型会被默认为 Variant（变体型）。关于这种数据类型的特点前文已做过介绍，因此还是建议采用"显式"的方式来定义变量，以减少错误的发生。

（4）赋值。

引用变量最常用的操作是赋值语句，这通过赋值符号"="来完成。

语法格式：变量名 ＝ 表达式

3. 常量定义

常量分为"值常量"和"符号常量"两种形式。

（1）值常量。又称为"直接常量"或"字面常量"，是指源程序中表示固定值的符号，是最常用的一种常量表示形式。不同类型值常量表示方法也不同。

① 数值型常量（十进制、八进制、十六进制）。例如：

```
3.14        '正数
-0.618      '负数
2.8E+3      '相当于 2800,E 表示 10 的幂,也就是 10 的多少次方
&O11        '十进制值为 9,&O 开头表示该值为八进制
&H11        '十进制值为 17,&H 开头表示该值为十六进制
```

数值型常量由数字、小数点、正负符号、&O、&H、A～F 这些字符组成，表示一个具体的数。

② 字符串型常量。例如：

```
"123456"    '纯数字字符串
"12ab34"    '非纯数字字符串
" "         '空字符串
```

字符串型常量必须使用英文状态的双引号括起来，双引号作为与其他常量类型区分开的

"定界符"。

③ 日期型常量。例如：

```
#2019/5/1#                '2019年5月1日
#9:00:00 AM#              '上午9点整
#2019/5/1 9:00:00AM#      '2019年5月1日上午9点整
```

日期型常量使用一对"#"作为定界符，可以包含日期与时间。如果同时包含日期与时间，两个部分之间用空格分隔。

④ 逻辑型常量。例如：

```
True      '真
False     '假
```

（2）符号常量。对于会被反复使用的常量，为方便阅读与修改，用户可以将其定义为符号常量，即给值常量加上一个特定的"名称"。这会使它和变量有些相似，但二者在定义和引用时有很大不同。定义符号常量的语法格式：Const 符号常量名 As 数据类型 = 表达式。符号常量的值必须在声明时通过表达式或直接进行初始化设置，其后不能被修改。

为增加程序可读性，VBA 中内置了一些系统定义的符号常量。例如表示颜色的系统常量 vbRed、vbBlue 可用来替代颜色的数字编码。

4. 作用域

定义变量时，所使用的定义词不同或者声明语句在程序中的位置不同，都会使该变量可被引用的范围有所区别。变量可被引用的范围，称为作用域。不同作用域的变量定义如图 7-19 所示。

（1）全局变量：使用 Public 关键字定义在标准模块通用声明段，一般出现在该模块（所有过程以外）的起始位置。全局变量可以被它所在工程中所有模块包含的过程引用。

图 7-19　不同作用域的变量定义

（2）模块级变量：使用 Dim、Static、Private 关键字定义在模块通用声明段，一般出现在该模块（所有过程以外）的起始位置。模块级变量可以被它所在模块中所有过程引用。

（3）局部变量：使用 Dim 或 Static 关键字定义在过程代码内，即 Sub 与 End Sub 之间的变量。局部变量只能在本过程内被引用，其他过程不能访问；变量被调用时为其分配存储空间，过程结束时释放存储空间。

5. 生存周期

生存周期是指变量从系统为其分配空间到系统撤销其空间的这一段时间。VBA 程序的执行以过程为单位。当过程结束时，该过程中定义的局部变量可以由用户决定是否马上撤销。

（1）动态变量。用 Dim 关键字声明的变量，在其过程执行结束时自动释放存储空间，不再保留已有数据。即使同一过程反复多次执行，其变量值每一次都会被重新初始化。

（2）静态变量。用 Static 关键字声明的变量，在其过程执行结束时保留原存储空间数据。当同一过程反复多次执行时，其静态变量只会在第一次执行时初始化，其后会保留上一次执行后的数据。

7.3.3　表达式

设定数据类型、定义常量与变量，最终的目的是在 VBA 语法规则下完成运算。这些运算是通过各种不同类型的表达式完成的。

表达式一般由运算符和数据组成，运算符与参加运算数据的类型必须相互匹配，否则会弹出错误提示。VBA 提供了以下几类运算符。

1. 算术运算符

算术运算符用于基本的数学计算，其优先级如表 7-7 所示。

表 7-7　　　　　　　　　　　　　算术运算符的优先级

优 先 级	运 算 符	功 能	表 达 式	示 例	结 果
1	^	幂指运算	A ^ B	3 ^ 2	9
2	−	取负数	−A	−3	−3
3	*	乘法	A * B	2 * 3	6
	/	除法	A / B	3 / 2	1.5
4	\	整除	A \ B	3 \ 2	1
5	Mod	取余数	A Mod B	23 Mod 10 10 Mod 23	3 10
6	+	加法	A + B	2 + 3	5
	−	减法	A−B	2−3	−1

在算术表达式中，必须严格按照优先级先后顺序进行运算，同级运算从左至右进行。若需改变优先级可以使用小括号"（ ）"将相应表达式括起来。括号可以嵌套，按照从内往外的顺序计算每一表达式。

取余数的运算符 Mod 为字母组合，必须在此运算符与左右两边运算的数之间手动留出空格。其他运算符会在回车换行时自动留出空格。

取余数运算、整除运算都要求运算符左右两边的数为整数，如果包含小数，系统会自动按"奇进偶舍"的原则将小数转换为整数后再做运算。"奇进偶舍"是一种记数保留法，是一种数值修约规则。从统计学的角度，"奇进偶舍"比"四舍五入"更为精确。在大量运算时，因为舍入后的结果有的变小、有的变大，使舍入后的结果误差均值趋于零。而不是像四舍五入那样逢五就进位，导致结果偏向大数，使误差积累，进而产生系统误差。"奇进偶舍"可使结果受舍入误差的影响降到最低。简单来说，当小数部分不是 0.5 时，取整规则与"四舍五入"一致；当小数部分是 0.5 时，如果个位为奇数则将 0.5 进位，如果个位为偶数则将

0.5 舍去。

【例 7.12】 用奇进偶舍规则取整。

```
6.5 奇进偶舍取整结果为    6
7.5 奇进偶舍取整结果为    8
```

思考：尝试按 VBA 语法规则写出以下算术表达式。

$$x = \frac{-b \pm \sqrt{b^2 - 4ac}}{2a}$$

2. 字符串连接运算符

字符串连接采用字符串专用的运算符。字符串连接运算符有"&"和"+"两种，用来把两个字符串连接起来，合并成一个新字符串。字符串型变量、常量、函数通过字符串运算符组合起来的表达式，称为字符串表达式，其值为一个字符串。

【例 7.13】 字符连接运算。

```
"abc" & "cde"      →    "abccde"
"123" & "456"      →    "123456"
123 + "456"        →    579
123 + "abc"        →    报错,数据类型不匹配
```

"&"与"+"的区别如下。

"&"连接符两边不管是字符型还是数值型数据，系统都自动将非字符型数据转换成字符型再连接。另外，在字符串型变量后使用"&"时，应在变量与运算符"&"之间加一个空格。因为"&"是长整型的类型符，当变量与符号"&"连在一起时，系统先把它作为类型符处理。

"+"连接符两边应为字符型数据。若连接符两边是数值型数据则进行算术加运算；若一个是数字字符，另一个是数值，则自动将数字字符转换为数值，再进行算术加运算；若一个是非数字字符，另一个是数值，则报错。

3. 关系运算符

关系运算符用于比较两个操作数的大小，运算结果只能是逻辑值 True 或 False。关系运算符的优先级低于算术运算符，各关系运算符的优先级是相同的，运算时按顺序从左到右进行即可。表 7-8 列出了 VBA 中的关系运算符。

表 7-8　　　　　　　　　　　　　　关系运算符

运　算　符	功　　能	表　达　式	示　　例	结　　果
<	小于	A<B	6<7	True
<=	小于等于	A<=B	6<=7	True
>	大于	A>B	"a">"b"	False
>=	大于等于	A>=B	"A"<"a"	True
=	等于	A=B	1+1=2	True
<>	不等于	A<>B	"a b c"<>"abc"	True

关系运算的规则如下。

① 当两个操作数均为数值型时，按数值大小比较。

② 当两个操作数均为字符串型时，按字符的 ASCII 值从左到右一一比较，直到出现不同的字符为止。字符 ASCII 值从大到小的排列规律一般是：汉字字符>小写字母>大写字母>数字>空格>所有控制符。

例如：数值型与可转换为数值型的数据比较。

`"7" > 6` →　True

数值型与不可转换为数值型的数据比较。

`"A" > 6` →　报错,数据类型不匹配

4. 逻辑运算符

逻辑运算符用于多个表达式组成的条件判断，运算结果为 Ture 或 False。表 7-9 列出了 VBA 中的逻辑运算符。

表 7-9　　　　　　　　　　　　　　　逻辑运算符

运　算　符	功　　能	表　达　式	示　　例	结　　果
Not	非	Not A	Not True Not False	False True
And	与、且	A And B	True And False False And False False And True True And True	False False False True
Or	或	A Or B	True Or False True Or True False Or False False Or True	True True False True
Xor	异或	A Xor B	True Xor False True Xor True False Xor False False Xor True	True False False True

逻辑运算符的优先级低于关系运算符，各个逻辑运算符的优先级从高到低依次为：Not > And >Or> Xor。

常用的逻辑运算符是 Not、And 和 Or，它们用于连接多个关系表达式进行逻辑判断。

例如，要表达 2 大于 1 且小于 3，必须使用逻辑表达式。

`3 > 2 And 2 > 1` →　True
而不能写成：`3 > 2 > 1`　'此表达式的运算结果为 False

通常，表达式会由以上 4 种运算中的两种或两种以上组合而成。当不同类型的运算同时出现时，VBA 规定优先级为：算术运算→字符串运算→关系运算→逻辑运算。

逻辑运算会在最后进行，最终的值是一个逻辑值。

7.3.4 标准内部函数

函数是 VBA 语句的重要组成部分，它一般以英文单词或英文单词缩写形式的函数名出现，实质是解决某一特定问题的代码。系统往往会提供一些函数供用户使用，称为内部函数；用户也可以根据语法规则设计自定义函数，以提高程序的可读性。

函数格式：函数名(参数列表)　　'参数列表中包含 0 个或多个参数

对于函数，我们应该记住函数的名称和参数及其功能，至于其内部如何实现则无须了解。

按照函数处理的数据类型，内部函数一般分为以下几类。

1. 算术函数

（1）Abs(x)：返回 x 的绝对值。例如：Abs(-9)→9。

（2）Sqr(x)：求 x 的平方根，此函数要求 x>=0。例如：Sqr(2)→1.4142。

（3）Fix(x)：返回 x 的整数部分，小数部分直接舍去。例如：Fix(3.14)→3。

（4）Int(x)：返回不大于 x 的最大整数。例如：Int(3.6)→3；Int(-3.6)→-4。

（5）Round(x,y)：对 x 奇进偶舍，保留小数点后 y 位。例如：Round(3.25,1)→3.2；Round（3.35,1）→3.4。

（6）Rnd(x)：产生[0,1)范围内的随机数，x 为随机数种子，决定产生随机数的方式。

① 若 x<0，则每次产生相同随机数。

② 若 x>0，则每次产生新随机数。

③ 若 x=0，则产生最近生成的随机数，每次序列相同。

④ 若省略参数，则默认参数值大于 0。

调用此函数前，一般使用 Randomize 语句初始化随机数生成器，以产生不同的随机数序列。为产生指定范围内的整型随机数，需引入如下所示的取整函数。

```
Fix(Rnd*10)        '产生[0,9]范围内的随机整数
Fix(Rnd*10)+ 1     '产生[1,10]范围内的随机整数
```

（7）Sgn(x)：符号函数，根据 x 值的状态（正、零或负），返回相应的值（1、0 或-1）。例如：Sgn(-99)→-1。

2. 字符串函数

（1）Left(s,n)：取 s 字符串最左边的 *n* 个字符。例如：Left("1234",2)→"12"。

（2）Right(s,n)：取 s 字符串最右边的 *n* 个字符。例如：Right("1234",2)→"34"。

（3）Mid(s,n,x)：取 s 字符串从第 *n* 个字符开始的 *x* 个字符。例如：Mid("1234",2,2)→"23"。

若参数 *x* 省略则一直取到字符串末尾。例如：Mid("1234",2)→"234"。

（4）Len(s)：返回字符串 s 的长度。例如：Len("1234")→4。

3. 日期和时间函数

（1）Date()：返回当前系统日期。例如：2019/12/3。

（2）Time()：返回当前系统时间。例如：14:52:03。

（3）Now()：返回当前系统日期和时间。例如：2019/12/3 14:52:03。

（4）Year(d)：返回日期 d 的年份。例如：Year(#2019/12/3#)→2019。

（5）Month(d)：返回日期 d 的月份。例如：Month(#2019/12/3#)→12。

（6）Day(d)：返回日期 d 为当月的几号。例如：Day(#2019/12/3#)→3。

4. 转换函数

（1）Val(s)：将字符串 s 转换为数值。例如：Val("123")→123。

（2）Asc(s)：返回字符串 s 首字符的 ASCII 编码。例如：Asc("abc")→97。

（3）Chr(n)：返回 ASCII 编码 *n* 对应的字符。例如：Chr(65)→"A"。

（4）Str(n)：将数字 *n* 转换为字符串类型。例如：Str(123)→"123"。

7.4　VBA 结构化程序设计

VBA 程序的代码主要由完成特定功能的表达式、函数、功能语句及控制程序走向的结构类语句组成。在 7.1.2 小节中已经简单介绍了结构化程序设计的 3 种结构，本节将介绍在 VBA 程序中，这些结构是如何实现的，以及书写的规则。

7.4.1　书写规则

VBA 和其他程序设计语言一样，有一定的代码书写规则。主要规则如下。

（1）为了便于程序的阅读，VBA 自动将关键字的首字母转换成大写，其余字母转换成小写。

（2）若关键字由多个英文单词组成，VBA 自动将每个单词的首字母转换成大写。

（3）对于用户自定义的变量、过程名，VBA 以第一次定义的为准，以后输入的自动转换成首次定义的形式。

（4）语句书写自由，一行最多允许书写 255 个字符。同一行中可以书写一条或多条语句，若书写多条语句，则语句间用冒号"："分隔。

（5）注释语句。为程序适当地添加注释后，阅读时就不必再看其他说明资料了，能够提高阅读程序的效率。注释语句是非执行语句，不被编译和执行。注释以 Rem 开头，或用"'"作为注释符。用"'"注释内容，可以直接书写在语句的后面。注释内容以绿色文字显示。

【例 7.14】 注释语句的用法。

```
Rem This is VBA
'This is VBA
```

（6）使用缩进格式。在编写程序代码时，为了提高程序的可读性，可以使用缩进格式反映代码的逻辑结构和嵌套关系。

7.4.2 顺序结构

顺序结构的程序自上而下地执行。下面主要介绍如何在 VBA 程序中实现基本的输入和输出。

输入和输出函数是 VBA 程序中实现交互的一种方式。

1. 输出函数

输出函数在前面的程序中已经多次使用过，下面介绍该函数比较完整的功能。

```
MsgBox(prompt[, buttons] [, title] [, helpfile, context])
```

（1）prompt：此参数为必选项，必须是字符串表达式，作为显示在对话框中的信息。

（2）buttons：此参数为可选项，以数值表达式指定对话框中使用的按钮种类，如表 7-10 所示，图标样式如表 7-11 所示，默认按钮如表 7-12 所示，其值由以上 3 个部分对应的符号常量或值相加表示。

（3）title：此参数为可选项，以字符串表达式作为显示在对话框标题栏中的信息。

（4）helpfile：此参数为可选项，为字符串表达式，用于标识在对话框中提供上下文相关帮助的帮助文件。如果提供了 helpfile 参数，则也必须提供 context 参数。

（5）context：此参数为可选项，为数值表达式，表示由帮助文件的作者指定适当帮助主题的上下文编号。如果提供了 context 参数，则也必须提供 helpfile 参数。

用户单击的按钮也可以通过返回值获得，如表 7-13 所示。

表 7-10　　　　　　　　　　　　　　　　buttons（按钮）种类

常　　量	值	描　　述
vbOKOnly	0	只显示"是"（OK）按钮
VbOKCancel	1	显示"是"（OK）按钮及"取消"（Cancel）按钮
VbAbortRetryIgnore	2	显示"中止"（Abort）按钮、"重试"（Retry）及"忽略"（Ignore）按钮
VbYesNoCancel	3	显示"是"（OK）按钮、"否"（NO）按钮及"取消"（Cancel）按钮
VbYesNo	4	显示"是"（OK）按钮及"否"（NO）按钮
VbRetryCancel	5	显示"重试"（Retry）按钮及"取消"（Cancel）按钮

表 7-11   buttons（图标）样式

常　量	值	描　述
VbCritical	16	显示 Critical Message 图标
VbQuestion	32	显示 Warning Query 图标
VbExclamation	48	显示 Warning Message 图标
VbInformation	64	显示 Information Message 图标

表 7-12   默认按钮

常　量	值	描　述
vbDefaultButton1	0	第一组按钮是默认值
vbDefaultButton2	256	第二组按钮是默认值
vbDefaultButton3	512	第三组按钮是默认值
vbDefaultButton4	768	第四组按钮是默认值

表 7-13   MxgBox 函数的返回值

常　量	值	描　述
vbOK	1	OK 按钮
vbCancel	2	Cancel 按钮
vbAbort	3	Abort 按钮
vbRetry	4	Retry 按钮
vbIgnore	5	Ignore 按钮
vbYes	6	Yes 按钮
vbNo	7	No 按钮

【例 7.15】　生成一个包含"是""否""取消"3 个按钮，图标为 Information Message，默认按钮为第三个按钮，标题为"Hello"，显示内容为"VBA"的消息窗，如图 7-20 所示。

```
x = MsgBox("VBA", vbYesNoCancel + vbInformation + vbDefaultButton3, "Hello")
```

如果按下默认的"取消"按钮（vbCancel），则 x 获得返回值为 2。

思考：如果要生成图 7-21 所示的消息窗，函数 MsgBox 应该如何设置参数。

图 7-20　消息窗（一）

图 7-21　消息窗（二）

2. 输入函数

输入函数用来在一个对话框中显示提示信息，等待用户输入数据或按下按钮，并返回包含文本框内容的字符串。

```
InputBox(prompt[, title] [, default] [, xpos] [, ypos] [, helpfile, context])
```

（1）prompt：必选项，字符串表达式，作为对话框消息出现。

（2）title：可选项，字符串表达式，显示在对话框标题栏。

（3）default：可选项，字符串表达式，显示在文本框中，在没有其他输入时保留默认值。

（4）xpos，ypos：可选项，成对出现，指定对话框出现在界面中的位置。

图 7-22　输入 x 值

【例 7.16】　编写输入函数获取两个整数（见图 7-22 和图 7-23），相加后将结果通过输出函数显示出来，如图 7-24 所示。

图 7-23　输入 y 值

图 7-24　显示结果

```
x = Val(InputBox("x=", "first"))
y = Val(InputBox("y=", "second"))
MsgBox x + y,vbOk , "result"
```

思考：尝试编写输入/输出函数实现如下功能。

输入一个一元二次方程 $ax^2+bx+c=0$ 的 3 个参数 a、b、c，且 $b^2-4ac \geq 0$，使用求根公式计算出它的所有解。

7.4.3　选择结构

在 VBA 程序中实现选择结构有如下多种方式，必须至少能熟练掌握其中一种。

1. 条件语句

条件语句有两种，即单行结构和块结构。

（1）单行结构 If 语句。

语法格式：If 条件 Then 语句 1 Else 语句 2

判断条件，若为真，执行语句 1，否则执行语句 2。Else 及其后面的语句可以省略，若省略则当条件判断为假时直接跳过该 If 语句。

例如，输入一个数字作为成绩，分数≥60 时显示 Pass，否则显示 Fail。

```
Public Sub ex1()
score = Val(InputBox("成绩"))
If score >= 60 Then r = "Pass" Else r = "Fail"
```

```
MsgBox r
End Sub
```

如果省略上述语句 *Else r = "Fail"*，则程序结果显示为空。

（2）块结构 If 语句。

语法格式如下。

```
If 条件 1 Then
    语句块 1
Elseif 条件 2 Then
    语句块 2
Elseif 条件 3 Then
    语句块 3
......
Else
    语句块 n
End if
```

相对于单行结构 If 语句来说，块结构 If 语句可读性更好，并且支持满足某一条件时执行多条语句（一个语句块），还增加了 Elseif 语句以实现多条件的判断。在执行时，先测试"条件 1"，如果成立则执行语句块 1，然后结束判断；如果不成立则依次测试"条件 2""条件 3"……若以上条件都不成立，则执行 Else 后的语句块 n。

在使用此结构时，需要注意与单行结构 If 语句的格式区别，如关键字 Then 后留空、Elseif 之间没有空格、以 End if 结束整个条件判断等。

【例 7.17】　输入一个数字作为分数，分数<60 显示"不及格"，在 60～80 分范围内显示"及格"，在 80～90 分范围内显示"良好"，在 90～100 分范围内显示"优秀"。

```
Public Sub ex1()
score = Val(InputBox("成绩"))
If score < 60 Then
r = "不及格"
Elseif score<80 Then
r = "及格"
Elseif score<90 Then
r = "良好"
Else
r="优秀"
End if
MsgBox r
End Sub
```

思考：如果输入数字大于 100（如 200），程序会输出什么结果？是否合理，应该如何修改。

2. 选择语句

选择语句相比块结构 If 语句的可读性更强。其一般的语法格式如下。

```
Select Case 测试表达式
```

```
Case 表达式 1
    语句块 1
Case 表达式 2
    语句块 2
......
Case 表达式 n
    语句块 n
Case Else
    语句块 n+1
End Select
```

选择语句执行时，根据"测试表达式"的值，从多个语句块中选择一个符合条件的语句块执行。检测自上而下执行，一旦检测到条件满足就执行其对应语句块并跳到 End Select 以后的语句。"测试表达式"可以是数值表达式或是字符表达式，通常为变量或常量。每个语句块由一行或多行合法的 Visual Basic 语句组成。"表达式 1""表达式 2"等称为值域，可以是下列形式之一。

（1）表达式 1[,表达式 2]……例如：Case 2, 4, 6, 8。

（2）表达式 To 表达式。在这种格式中，必须把较小的值放在前面，较大的值放在后面；字符串常量必须按字母 A～Z 的顺序写出。例如：

```
Case 1 To 5
Case "A" To "Z"
```

（3）Is 关系运算表达式。其使用的运算符包括<、<=、>、>=、<>、=。例如：Case Is < 12 要特别注意以下两点。

① "表达式列表"中的表达式必须与测试表达式的数据类型相同。

② 当用关键字 Is 定义条件时，只能定义简单的条件，不能用逻辑运算符将两个或多个简单条件组合在一起，如 Case Is >10 And Is <20 是不合法的。

例如，输入一个数字作为月份，输出该月份所包含的天数（不考虑闰年）。

```
Public Sub ex1()
mon = Val(InputBox("月份"))
Select Case mon
Case 2
  d=28
Case 4,6,9,11
  d=30
Case Else
  d=31
End Select
Msgbox d
End Sub
```

7.4.4　循环结构

循环结构分为限次循环与条件循环两种形式。

1. 限次循环 For-Next

语法格式如下。

```
For 循环变量=初始值 to 终止值 step 步长
    语句块(循环体)
    [Exit For]
Next 循环变量
```

说明：循环变量通过初始值、终止值和步长共同控制循环执行的次数；当步长为正数时，初始值必须小于终止值，否则循环不会执行；循环语句每次执行到 Next 语句后，循环变量会自动增加一个步长的值，若步长省略则步长的值为 1；当循环变量超过终止值时，循环结束。

Exit For 语句的功能为退出当前 For 循环。一般将其包含在条件语句中，使得程序在满足某一条件后，即使循环变量未达到终止值也会自动结束循环。

常用的两种经典计算如下。

（1）求和。求 1+2+3+…+100 的值，具体代码如下。

```
Public Sub ex1()
s=0
For i=1 to 100
  s=s+i
Next i
Msgbox s
End Sub
```

（2）计数。统计 1～100 范围内有多少个数能被 3 整除，具体代码如下。

```
Public Sub ex1()
c=0
For i=1 to 100
  If i mod 3 =0 Then
      c=c+1
  End if
Next i
Msgbox c
End Sub
```

计数

2. 条件循环 Do-Loop

当循环的次数不确定，而是以某种逻辑判断是否循环时，一般采用 Do-Loop 循环结构。根据循环开始与终止的逻辑条件不同，Do-Loop 循环有以下 4 种形式。

（1）Do While…Loop。

语法格式如下。

```
Do While 条件表达式
    语句块(循环体)
    [Exit Do]
Loop
```

（2）Do Until…Loop。

语法格式如下。

```
Do Until 条件表达式
    语句块(循环体)
    [Exit Do]
Loop
```

（3）Do…Loop While。

语法格式如下。

```
Do
    语句块(循环体)
    [Exit Do]
Loop While 条件表达式
```

（4）Do…Loop Until。

语法格式：

```
Do
    语句块(循环体)
    [Exit Do]
Loop Until 条件表达式
```

说明：

① 关键字 While 和 Until 都用以限定 Do-Loop 结构的循环条件；

② While 语句后的条件表达式取值为 False 则结束当前循环，取值为 True 则继续当前循环；

③ Until 语句后的条件表达式取值为 True 则结束当前循环，取值为 False 则继续当前循环；

④ 限定循环条件放在循环开始处即 Do 语句后，如结构（1）和结构（2），先判断条件再决定是否执行循环体中的语句块，Loop 语句执行后，跳回到 Do 语句，进行下一次的条件判断；

⑤ 限定循环条件放在循环结尾处即 Loop 语句后，如结构（3）和结构（4），先执行一次循环体语句块再判断条件以决定是否继续循环，若继续循环则跳回到 Do 语句再执行一次循环体语句块，此结构可以保证循环体语句块至少被执行一次；

⑥ Exit Do 语句的功能为退出当前 Do-Loop 循环，一般将其包含在条件语句中，使得程序在满足某一条件后，自动结束循环；

⑦ Do-Loop 循环一定要在循环体语句块中有相关语句来改变条件，使得循环得以终止；否则，循环永远不会终止，这种称为"死循环"。

用 Do-Loop 循环实现求 1～100 的和，具体代码如下。

```
Public Sub ex1()
s=0
```

```
i=1
Do While i<=100
   s=s+i
   i=i+1
Loop
Msgbox s
End Sub
```

思考：尝试用 Do-Loop 循环的其他 3 种形式实现求 1～100 的和。

7.5　VBA 程序与宏

在第 6 章中曾经介绍过宏操作，宏操作就是基于 VBA 程序来实现的。本节介绍 VBA 程序与宏的常用操作。

7.5.1　宏转换成 VBA 程序

下面通过一个简单的例子来讲解宏是如何转换成 VBA 程序的。

【例 7.18】　将一个宏转换为 VBA 程序。

① 切换到"创建"选项卡，单击"宏与代码"组中的"宏"按钮，如图 7-25 所示。

图 7-25　单击"宏"按钮

② 在宏设计器中添加一个名为"MessageBox"的宏操作，如图 7-26 所示。

③ 单击"将宏转换为 Visual Basic 代码"按钮（见图 7-27），在弹出的"转换宏:宏 1"对话框中单击"转换"按钮，如图 7-28 所示。

④ 在 VBA"代码"窗口中，可以看到"被转换的宏—宏 1"，如图 7-29 所示。

图 7-26　添加宏操作

图 7-27　单击"将宏转换为 Visual Basic 代码"按钮

图 7-28　"转换宏:宏 1"对话框

从图 7-29 所示的 VBA 代码中可以看出，创建的宏操作 MessageBox 实际上对应着一段用 VBA 编写的代码，其主体功能由 VBA 内部函数 MsgBox 完成。

相对于宏而言，VBA 程序支持循环结构，实现方式上也更为灵活。

7.5.2 在 VBA 程序中执行宏

在 VBA 代码中，使用 DoCmd 对象的 RunMacro 方法，可以执行已创建好的宏。

语法格式：DoCmd.RunMacro 宏名,重复次数,重复表达式。

图 7-29 被转换的宏

（1）宏名：要运行宏的名称，此参数为必选项。

（2）重复次数：宏将运行的次数，如果将此参数保留为空，则该宏将运行一次。

（3）重复表达式：计算结果为 True（-1）或 False（0）的表达式；每次宏运行时都会计算该表达式，如果表达式的计算结果为 False，宏将停止运行。

【例 7.19】 创建宏并在 VBA 程序中调用它。

① 使用 MessageBox 创建宏并命名为"宏 1"。

② 创建一个 VBA 模块并在模块中创建过程。

③ 过程代码如图 7-30 所示。

④ 运行后弹出对话框，如图 7-31 所示。若添加"重复次数"参数为 2，则此对话框会弹出两次。

图 7-30 过程代码

图 7-31 结果对话框

7.6 VBA 程序与窗体

在前面的章节中，我们学习了如何创建和设计窗体，以及各种用于交互的控件。对于这些控件，我们应当熟悉其外观、属性和可触发的事件。下面将窗体与 VBA 程序结合，设计界面美观的实用程序。

【例 7.20】　创建一个 100 以内的加法自测工具。

（1）绘制窗体。

① 切换到"创建"选项卡，单击"窗体"组中的"窗体设计"按钮。

② 切换到"设计"选项卡，通过"控件"组向窗体中添加 3 个空白文本框、两个标签、两个按钮，并修改其标题，如图 7-32 所示。

③ 从左至右，设置 3 个文本框的名称分别为 Text0、Text2、Text5。

（2）编写事件代码。

① 选中"出题"按钮，在"属性表"窗格的"事件"选项卡中将"单击"事件设置为"[事件过程]"，如图 7-33 所示。

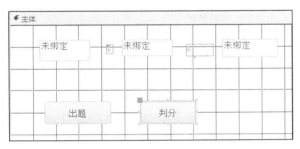

图 7-32　窗体设计

图 7-33　命令按钮的"事件"选项卡

② 单击"[事件过程]"右侧的⊡按钮，打开代码编辑窗口，编写如下代码。

```
Private Sub Command7_Click()
Randomize
a = Fix(Rnd()* 90)+ 10
b = Fix(Rnd()* 90)+ 10
Text0.SetFocus
Text0.Text = a
Text2.SetFocus
Text2.Text = b
End Sub
```

③ 选中"判分"按钮，在"属性表"窗格的"事件"选项卡中将"单击"事件设置为"[事件过程]"。单击"[事件过程]"右侧的⊡按钮，打开代码编辑窗口，编写如下代码。

```
Private Sub Command8_Click()
Text5.SetFocus
c = Val(Text5.Text)
Text0.SetFocus
a = Val(Text0.Text)
Text2.SetFocus
b = Val(Text2.Text)
If a + b = c Then
    MsgBox ("恭喜答对!")
```

```
Else
    MsgBox ("错了!")
End If
End Sub
```

（3）执行程序。

① 用鼠标右键单击"Form_窗体 1"，在弹出的快捷菜单中执行"查看对象"命令，如图 7-34 所示，切换回窗体界面。

② 用鼠标右键单击窗体 1 标签，在弹出的快捷菜单中执行"窗体视图"命令，如图 7-35 所示，切换为窗体视图。

图 7-34　执行"查看对象"命令

图 7-35　切换窗体视图

③ 程序运行正常，单击"出题"按钮，则前两个文本框会自动产生 1～100 范围内的随机数，手动在第三个文本框中填入结果，单击"判分"按钮，则会根据答案返回对错信息。

④ 答错时的显示如图 7-36 所示，答对时的显示如图 7-37 所示。

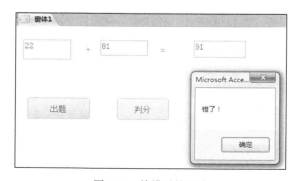

图 7-36　答错时的显示

图 7-37　答对时的显示

7.7　本 章 小 结

本章主要分 3 部分：第一部分介绍了算法的基本概念及其表示方法；第二部分介绍了 VBA 的基本语法、数据类型、运算规则与程序结构；第三部分介绍了 VBA 如何与宏和窗体相结合，设计实用的程序。本章内容为读者学习后续数据库编程奠定了基础。

7.8　习　　题

一、单选题

1. 宏的操作都可以在模块对象中通过编写（　　　　）语句来实现相同的功能。

    A. SQL　　　　　　　　　　　　　　B. VBA

    C. VB　　　　　　　　　　　　　　　D. 以上都不是

2. 下面属于 VBA 常用标准数据类型的是（　　　　）。

    A. 数值型　　　　　　　　　　　　　B. 字符型

    C. 货币型　　　　　　　　　　　　　D. 以上都是

3. 在 VBA 中，表达式 $4 \times 6 \text{ Mod } 16 \div 4 \times (2+3)$ 的运算结果是（　　　　）。

    A. 4　　　　　　　　　　　　　　　　B. 10

    C. 16　　　　　　　　　　　　　　　D. 80

4. VBA 的逻辑值进行算术运算时，True 值被当作（　　　　）。

    A. 0　　　　　　　　　　　　　　　　B. −1

    C. 1　　　　　　　　　　　　　　　　D. 任意值

5. 下列变量名中符合 VBA 命名规则的是（　　　）。

    A. 3M
                B. Time.txt

    C. Dim
                D. Sel_One

二、填空题

1. VBA 程序中用于流程控制的 3 种结构分别为_____、_____、_____。

2. 在 VBA 中，能自动检查出来的错误是_____。

三、编程题

使用 VBA 设计一个程序，可以计算 10 以内任意自然数的阶乘。

（注：n 的阶乘记作 $n!=1×2×3×\cdots×n$）

第8章
VBA 数据库编程

VBA（Visual Basic for Applications）是由微软公司开发的一种通用的自动化编程语言，能够应用于微软的桌面应用程序中。VBA 主要用来扩展 Windows 的应用程序功能。第 7 章主要介绍了 VBA 应用于 Access 的模块编程基础，本章主要介绍 VBA 应用于数据库的常用技术和方法。通过学习本章内容，读者可以创建自定义的解决方案，快速、有效地管理数据库，开发出更具使用价值的数据库应用程序。

本章内容结构图如图 8-1 所示。

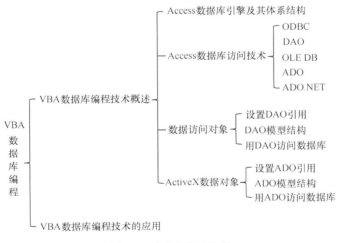

图 8-1　本章内容结构图

本章的学习目标如下。

（1）熟悉 VBA 数据库编程常用的几种数据库访问技术。

（2）熟练掌握使用 DAO 和 ADO 访问技术读取和修改数据库中数据的方法。

（3）熟练掌握应用 VBA 数据库编程技术完善数据库功能的方法。

8.1 VBA 数据库编程技术概述

8.1.1 Access 数据库引擎及其体系结构

数据库引擎是用于存储、处理和保护数据的核心服务，可以创建用于存储数据的表及用于查看、管理和保护数据安全的数据库对象。数据库引擎以一种通用的接口形式，建立应用程序与数据库之间的连接和交互。VBA 通过数据库引擎完成对数据库的访问。这些数据库引擎相当于一组动态链接库（Dynamic Link Library，DLL），程序在运行时被链接到 VBA 程序，从而实现对数据库的访问功能。可以说，它们是应用程序和数据库之间的"桥梁"。

VBA 使用的数据库引擎技术主要有 Microsoft 连接性引擎技术（Joint Engine Technology，JET）和 Microsoft Access 数据库引擎（ACE）技术。其中，JET 可以访问 Office 97—2003 版本。在 Access 2007 版本以后，JET 已被弃用。ACE 是随着 Office 2007 版本一起发布的集成和改进后的 Microsoft Access 数据库引擎，既可以访问 Office 2007 及以后的版本，也可以访问 Office 97—2003。

Access 2010 数据库应用体系结构包括 Access 用户界面、ACE（Access 数据库引擎）、数据库文件和数据服务，如图 8-2 所示。

① Access 用户界面（Access User Interface，Access UI）：决定着用户通过查询、窗体、宏、报表等查看、编辑和使用数据的方式。

② ACE：提供的核心数据库管理服务包括数据存储、数据定义、数据完整性、数据操作、数据检索、数据共享、数据加密等。

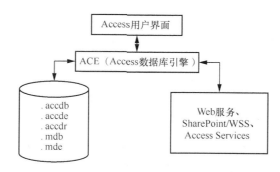

图 8-2　Access 2010 数据库应用体系结构

8.1.2　Access 数据库访问技术

为了实现"可以从任意类型计算机上的任意应用程序中访问任意类型的数据源"，微软公司提出了通用数据访问（Universal Data Access，UDA）技术。

UDA 技术通过提供简洁的数据访问层来解决异构数据访问的问题，使程序员可以使用统一的接口访问不同类型的数据源。UDA 技术的关键是数据访问的透明性，其主要技术是对象连接与嵌入数据库（OLE DB）的低级数据访问组件结构和 ActiveX 数据对象（ADO）对应于 OLE DB 的高级编程接口技术。其逻辑结构如图 8-3 所示。

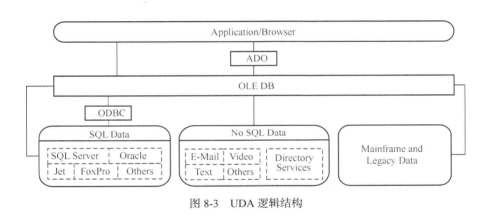

图 8-3　UDA 逻辑结构

数据库访问接口是实现 VBA 与数据库后台连接的方法和途径。微软公司提供了开放式数据库连接（Open Database Connectivity，ODBC）、数据访问对象（Data Access Object，DAO）、对象连接与嵌入数据库（Object Linking and Embedding Database，OLE DB）、ActiveX 数据对象（ActiveX Data Object，ADO）和 ADO.NET 5 种适用于 Access 的数据库访问接口。Access 2010 支持其中 4 种数据库访问接口——ODBC、DAO、OLE DB 和 ADO。

1. ODBC

ODBC 是一种关系数据源的界面接口。ODBC 基于 SQL（Structured Qurey Language），把 SQL 作为访问数据库的标准，一个应用程序可通过一组通用代码访问不同的数据库管理系统。ODBC 可以为不同的数据库提供相应的驱动程序。Windows 提供的 ODBC 驱动程序（32位/64 位）可适用于每一种客户端/服务器（C/S）RDBMS、采用索引顺序访问方法（ISAM）的数据库（dBase、FoxBASE 和 FoxPro 等）。

在 Access 数据库应用中使用 ODBC 时，需要使用大量的 VBA 函数进行声明，编程过程烦琐、重复性高。因此，在实际编程应用中较少使用 ODBC 接口访问数据库。

2. DAO

DAO 是一种面向对象的界面接口。它提供一个访问数据库的对象模型，用其中定义的一系列数据访问对象（如 Database、QueryDef、RecordSet 等）实现对数据库的各种操作。DAO 是微软公司最初为 Access 开发人员提供的专用数据访问方法。

DAO 适合单系统应用程序或小范围本地分布使用，它封装了数据库应用程序中所有对数据源的访问操作，使用起来方便、快捷。因此，Access 作为本地数据库应用时，常用 DAO 访问方法。

3. OLE DB

OLE DB 是微软公司战略性的连接不同数据源的低级应用程序接口。OLE DB 不仅支持标准数据接口 ODBC 的结构化查询语言（SQL），还具有面向其他非 SQL 数据类型的通道，是 Microsoft 系统级别的编程接口。OLE DB 是支撑 ADO 的基本技术。

OLE DB 定义了一组 COM（Component Object Model，组件对象模型）接口规范，COM 封装了一般通用的数据访问细节的数据库管理系统服务。这种组件模型的主要部分介绍如下。

（1）数据提供者（Data Provider）：通过 OLE DB 提供数据的软件或组件。例如，SQL Server 数据库中的数据表或.mdb 格式的 Access 数据库文件等。

（2）数据使用者（Data Consumer）：访问和使用 OLE DB 获取数据的软件或组件。例如，数据库应用程序、网页及需要访问各种数据源的开发工具和语言。

（3）服务组件（Service Component）：执行数据提供者与数据使用者之间数据传递工作的可重用功能组件。例如，数据使用者向数据提供者要求数据时，通过 OLE DB 服务组件的查询处理器执行查询的工作，而查询到的结果由指针引擎来管理。

OLE DB 以数据提供者和数据使用者概念为中心，数据提供者将数据以表格的形式传递给使用者。OLE DB 设计了简单易用的 COM 组件，数据使用者可以使用任意支持 COM 组件的编程语言访问数据源。

4. ADO

ADO 是基于 COM 的自动化数据库编程接口。COM 对一般通用的数据访问细节进行封装，ADO 通过 COM 组件能够访问各种数据类型的连接机制，可以方便地连接任何符合 ODBC 标准的数据库。

分析 DAO 和 ADO 两种数据访问技术可知，ADO 对 DAO 所使用的层次对象模型进行了扩展和改进，用相对较少的对象，更多的属性、方法和参数及事件来处理数据库访问操作，是当前数据库开发的主流技术。Access 2010 同时支持 ADO（ADO+ODBC、ADO+OLE DB）和 DAO 的数据访问。

VBA 可访问的 3 种数据库类型如下。

（1）本地数据库，如 Access。

（2）外部数据库。

（3）ODBC 数据库，即所有遵循 ODBC 标准的 C/S 数据库，如 Oracle、Sybase、SQL Server。

8.1.3　数据访问对象

数据访问对象（DAO）是 VBA 提供的一种面向对象的数据访问接口。借助 VBA，用户可以根据需要自定义访问数据库的操作和方法。

1. 设置 DAO 引用

由于创建数据库时系统不能自动引用 DAO 库，所以需要用户在确认系统安装有 DAO 后自行设置 DAO 库的引用。在 Access 2010 中，设置引用 DAO 库的方法如下。

① 在 VBE 编程环境中，执行"工具"菜单中的"引用"命令，打开相应的对话框。

② 在"可使用的引用"列表框中勾选"Microsoft Office 14.0 Access Database Engine Object Library"复选框，出现复选标志"√"后，单击"确定"按钮。

2. DAO 模型结构

DAO 模型是设计关系型数据库系统的对象类集合，提供了管理关系型数据库系统所需全部操作的属性和方法，包括创建数据库，定义表、字段和索引，建立表间的关系，定位和查询数据库等。DAO 模型结构的层次关系如图 8-4 所示，主要包括 DBEngine、Workspace、Database、RecordSet、Field、QueryDef 和 Error 这 7 种对象。

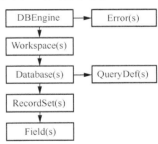

图 8-4　DAO 模型

（1）DBEngine 对象：位于 DAO 模型的顶层，表示 Microsoft Jet 数据库引擎，是模型中唯一不被其他对象所包含的对象，包含并控制 DAO 模型中的其余对象。

（2）Workspace 对象：表示工作区，可以使用隐式的 Workspace 对象。

（3）Database 对象：表示操作的数据库对象。

（4）RecordSet 对象：表示对数据库操作返回的记录集，即代表一个数据记录的集合。该集合的记录可来自一个表、一个查询或一个 SQL 语句的执行结果。

（5）Field 对象：表示记录集中的字段数据信息。

（6）QueryDef 对象：表示数据库查询信息。

（7）Error 对象：表示数据提供程序出错时的扩展信息。

3. 用 DAO 访问数据库

使用 DAO 访问数据库时，首先在 VBE 中设置对象变量，然后通过对象变量调用访问对象的方法，设置访问对象的属性，从而实现对数据库的访问。定义 DAO 对象需要在对象前面加上前缀"DAO"。

数据访问对象
（DAO）

使用 DAO 访问数据库的一般语句和步骤如下。

```
Dim ws As DAO.Workspace        '定义 Workspace 对象
Dim db As DAO.Database         '定义 Database 对象
Dim rs As DAO.RecordSet        '定义 RecordSet 对象
Dim fd As DAO.Field            '定义 Field 对象
'通过 Set 语句设置各个对象变量的值
Set ws=DBEngine.Workspace(0)   '打开默认工作区
Set db=ws.OpenDatabase <数据库的地址和文件名>      '打开数据库
Set rs=db.OpenRecordSet <表名、查询名或 SQL 语句>   '打开记录集
Do While Not rs.EOF            '循环遍历整个记录，直至末尾
...                            '对字段进行各种操作
rs.MoveNext                    '记录指针移到下一条
Loop                           '返回到循环开始处
rs.Close                       '关闭记录集
db.Close                       '关闭数据库
Set rs=Nothing                 '释放记录集对象变量所占内存空间
Set db=Nothing                 '释放数据库对象变量所占内存空间
```

如果将 Access 作为本地数据库使用，可以省略定义 Workspace 对象变量步骤，打开工作区和打开数据库的两条程序语句可使用"Set db=CurrentDb()"一条语句替代。该语句是 Access 中的 VBA 为 DAO 提供的数据库打开快捷方式。

8.1.4　ActiveX 数据对象

ActiveX 数据对象（ADO）作为基于 COM 的自动化数据库编程接口，与编程语言无关。

1. 设置 ADO 引用

在 Access 中，使用 ADO 的各个组件对象需要设置 ADO 库的引用，其设置方法与同 8.1.3 小节中设置 DAO 库的操作方法类似。

使用 ADO
连接数据库

2. ADO 模型结构

ADO 模型是一系列对象的集合，对象不分级，可直接创建（Field 对象和 Error 对象除外）。ADO 模型结构的层次关系如图 8-5 所示，主要包括 Connection、Command、RecordSet、Field 和 Error 这 5 种对象。

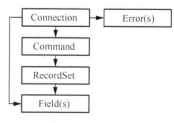

图 8-5　ADO 模型

（1）Connection 对象：建立到数据库的连接，通过连接可以使应用程序访问数据库。

（2）Command 对象：表示一个命令，在建立数据库连接后，可以发出命令操作数据库。

（3）RecordSet 对象：表示数据库操作返回的记录集，即代表一个数据记录的集合，该集合的记录可来自一个表、一个查询或一个 SQL 语句的执行结果。

（4）Field 对象：表示记录集中的字段数据信息。

（5）Error 对象：表示数据提供程序出错时的扩展信息。

3. 用 ADO 访问数据库

使用 ADO 访问数据库时，首先在 VBE 中设置对象变量，然后通过对象变量调用访问对象的方法，设置访问对象的属性，从而实现对数据库的访问。

说明：Access 2010 能够同时支持 DAO 和 ADO 的数据库访问（Access 可能会自动增加对 "Microsoft Office 14.0 Access Database Engine Object Library" 库和 "Microsoft ActiveX Data Object 2.1" 库的引用）；为了避免 DAO 和 ADO 因存在一些同名对象（Field 对象、RecordSet 对象）在使用时可能产生的错误，在引用 ADO 库与 DAO 库中同名的对象时，需要在 ADO 对象名前加上 "ADODB" 前缀。

使用 ADO 访问数据库的一般过程如下。

（1）定义和创建 ADO 对象变量。

（2）设置连接，打开连接。

（3）设置命令类型，执行命令。

（4）设置查询，打开记录集。

（5）对记录集进行检索、新增、修改、删除。

（6）关闭对象，回收资源。

ADO 的各组件对象之间存在一定的联系，用 ADO 访问数据库主要有 RecordSet 对象和 Connection 对象的联合使用及 RecordSet 对象和 Command 对象的联合使用两种方式。

（1）在 ADO 中联合使用 RecordSet 对象和 Connection 对象。

```
Dim cm1 As new ADODB.Connection          '定义 Connection 对象
Dim rs As new ADODB. RecordSet           '定义 RecordSet 对象
cm1.Provider="Microsoft.ACE.OLEDB. 12.0" '设置数据提供者
cm1.Open<连接字符串>                       '打开数据库(连接数据源)
rs.Open<查询字符串>                        '打开记录集
Do While Not rs.EOF                      '循环遍历整个记录，直至末尾
...                                      '对字段进行各种操作
rs.MoveNext                              '记录指针移到下一条
Loop                                     '返回到循环开始处
rs.Close                                 '关闭记录集
db.Close                                 '关闭数据库
Set rs=Nothing                           '释放记录集对象变量所占内存空间
Set cm1=Nothing                          '释放连接对象变量所占内存空间
```

如果将 Access 作为本地数据库使用，设置数据提供者和打开数据库的两条程序语句可使用 "Set cm1=CurrentProject.Connection()" 一条语句替代。该语句是 Access 中的 VBA 为 ADO 提供的数据库打开快捷方式。

① cm1.Provider="Microsoft.ACE.OLEDB. 12.0"语句用来设置数据提供者。

② cm1.Open 语句，通过 Connection 对象的 Open 方法连接数据源。其语法规则如下。

```
cm1.Open [ConnectionString] [, UserID] [, PassWord] [, OpenOptinos]
```

- ConnectionString：可选项，连接数据库信息。
- UserID：可选项，用于建立连接的用户名。
- PassWord：可选项，用于建立连接的用户密码。

③ rs.Open 语句，通过 RecordSet 对象的 Open 方法打开记录集。其语法规则如下。

```
rs.Open [Source] [, ActiveConnection] [, CursorType] [, LockType] [, Options]
```

- Source：可选项，打开记录集的信息，可以是表名、查询名或 SQL 语句等。
- ActiveConnection：可选项，已打开的 Connection 对象名或包含 ConnectionString 参数的字符串。
- CursorType：可选项，确定打开记录集对象使用的游标类型。

（2）在 ADO 中联合使用 RecordSet 对象和 Command 对象。

```
Dim cm2 As new ADODB.Command          '定义 Command 对象
Dim rs As new ADODB. RecordSet        '定义 RecordSet 对象
cm2.ActiveConnection=<连接字符串>       '建立命令对象的活动连接
cm2.CommandType=<命令类型>             '指定命令对象的命令类型
cm2.CommandText=<命令字符串>           '建立命令对象的查询字符串
rs.Open cm2, <其他参数>               '打开记录集
Do While Not rs.EOF                   '循环遍历整个记录，直至末尾
...                                   '对字段进行各种操作
rs.MoveNext                           '记录指针移到下一条
Loop                                  '返回到循环开始处
rs.Close                              '关闭记录集
Set rs=Nothing                        '释放记录集对象变量所占内存空间
```

使用记录集时，在定位记录指针后，可以对记录集进行检索、新增、修改、删除等操作。需要注意的是，使用记录集时对字段的引用从 0 开始进行编号。

① 定位记录。ADO 主要使用 Move 方法在记录集中定位和移动指针，其语法规则如下。

```
RecordSet 对象名.Move NumRecords[, Start]
```

其中，NumRecords 是带符号的长整型数据，指出指针从当前记录位置移动的记录数。

② 检索记录。ADO 主要使用 Find 方法和 Seek 方法快速查询和检索记录集中的数据，其语法规则如下。

- Find 方法语法：RecordSet 对象名.Find Criteria[, SkipRows] [, SearchDirection] [, Start\]。

其中，Criteria 是字符串型数据，包括检索需要的字段名、比较操作符和值。Criteria 只支持单字段检索，不支持多字段检索。

● Seek 方法语法：RecordSet 对象名.Seek KeyValues, SeekOption。其中，KeyValues 是变体型数组，其索引（Index）属性由一个或多个字段组成，并且该数组包含与每个对应字段做比较的值。SeekOption 是 SeekEunm 类型数据，指定在索引的字段与相应 KeyValue 之间进行的比较类型。

Seek 方法相对 Find 方法而言检索效率高，但需要注意的是，使用 Seek 方法必须用 adCmdTableDirect 方式打开记录集，并结合 Index 属性一起使用。

③ 新增记录。ADO 使用 AddNew 方法在记录集中添加新记录，其语法规则如下。

```
RecordSet 对象名.AddNew [FieldList] [, Values]
```

其中，FieldList 为可选项，是一个字段名或者一个字段数组；Values 为可选项，是对要添加字段赋的值。当新增一条非空记录时，需要根据已有数据表中字段数组按序填写对应数值。使用 AddNew 方法新增记录后，需要使用 Update 方法更新数据库来存储新增记录。

④ 修改记录。修改记录即对记录集中已有记录重新赋值，例如，使用 SQL 语句查找需要修改的记录后，用 AddNew 方法重新赋值。

⑤ 删除记录。ADO 使用 Delete 方法删除记录集中的数据，其语法规则如下。

```
RecordSet 对象名.Delete [AffectRecords]
```

其中，AffectRecords 为可选项，用来记录删除的效果。

8.2　VBA 数据库编程技术的应用

下面将通过几个实例来介绍 VBA 数据库编程技术的应用。

【例 8.1】　请编写子过程，将"住院管理信息.accdb"文件下"住院费用信息表"中"项目名称"为"肝功能常规检查"的"单价"都加 20。假设该文件已存放在 D 盘下的"住院信息系统"文件夹中。

例 8.1

（1）使用 DAO 编写子过程，具体实现代码如下。

```
Sub SetPricePlus1()
    '定义变量对象
        Dim ws As DAO.Workspace        '工作区对象
        Dim db As DAO.Database         '数据库对象
        Dim rs As DAO.RecordSet        '记录集对象
        Dim fd1 As DAO.Field           '字段对象 1
        Dim fd2 As DAO.Field           '字段对象 2

    Set ws = DBEngine.Workspaces(0)    '打开 0 号工作区
```

```
Set db = ws.OpenDatabase("d:\住院信息系统\住院管理信息.accdb")  '打开数据库
Set rs = db.OpenRecordset("住院费用信息表")                      '打开"住院费用信息表"记录集
Set fd1 = rs.Fields("项目名称")                                  '设置"项目名称"字段引用
Set fd2 = rs.Fields("单价")                                      '设置"单价"字段引用
'对记录集使用循环结构进行遍历
Do While Not rs.EOF
  rs.Edit                                                       '设置为"编辑"状态
  If fd1 = "肝功能常规检查" Then                                 '选择结构控制"项目名称"的值
     fd2 = fd2 + 20                                             '让"单价"加20
  End If                                                        '选择结构结束
  rs.Update                                                     '更新记录集，保存单价值
  rs.MoveNext                                                   '记录指针移动至下一条记录
Loop
'关闭并回收对象变量
rs.Close
db.Close
Set rs = Nothing
Set db = Nothing
End Sub
```

（2）使用 ADO 编写子过程，具体实现代码如下。

```
Sub SetPricePlus2()
    '创建或定义变量对象
        Dim cn As New ADODB.Connection              '连接对象
        Dim rs As ADODB.RecordSet                   '记录集对象
        Dim fd1 As ADODB.Field                      '字段对象1
        Dim fd2 As ADODB.Field                      '字段对象2
        Dim strConnect As String                    '连接字符串
        Dim strSQL As String                        '查询字符串
StrConnect = " d:\住院信息系统\住院管理信息.accdb"  '设置连接数据库
cn.Provider = "Microsoft.ACE.OLEDB.12.0"            '设置OLE DB数据提供者
cn.Open strConnect                                  '打开与数据源的连接
strSQL = "Select 项目名称, 单价  from  住院费用信息表" '设置查询表
rs. Open strSQL, cn, adOpenDynamic, adLockOptimistic, adCmdText  '打开记录集
Set fd1 = rs.Fields("项目名称")                      '设置"项目名称"字段引用
Set fd2 = rs.Fields("单价")                          '设置"单价"字段引用
'对记录集使用循环结构进行遍历
Do While Not rs.EOF
    If fd1 = "肝功能常规检查" Then                   '选择结构控制"项目名称"的值
         fd2 = fd2 + 20                             '让"单价"加20
    End If                                          '选择结构结束
    rs.Update                                       '更新记录集，保存单价值
    rs.MoveNext                                     '记录指针移动至下一条记录
Loop
'关闭并回收对象变量
rs.Close
cn.Close
```

```
Set rs = Nothing
Set cn = Nothing
End Sub
```

【例 8.2】　在"住院管理信息.accdb"文件的"住院病人信息表"中包括
"病人编码""病人姓名""病人性别""出生日期""家庭地址""科室编
码""医生编码""入院时间""出院时间"9 个字段，请通过编程分别实现
"住院病人信息表"主键的设置和取消。具体实现代码如下。

例 8.2

```
'设置主键为"病人编码"字段
Function AddPrimaryKey()
    Dim strSQL As String
    strSQL = "ALTER TABLE  住院病人信息表  Add CONSTRAINT PRIMARY_KEY" & "PRIMARY KEY(病
人编码)"  '用 SQL 语句设置主键
    CurrentProject.Connection.Execute strSQL
End Function
'取消"住院病人信息表"的主键
Function DropPrimaryKey()
    Dim strSQL As String
    strSQL = "ALTER TABLE  住院病人信息表  Drop CONSTRAINT PRIMARY_KEY"
    CurrentProject.Connection.Execute strSQL    '用 SQL 语句取消主键
End Function
```

除了常使用的 ADO 和 DAO 编程技术外，绑定表格式窗体、报表、控件与记录集对象也
可以操作当前数据库，对记录数据实现多种形式的处理。此时，需使用窗体和控件的 RecordSet
属性和 RecordSource 属性。

（1）RecordSet 属性。RecordSet 属性直接反映窗体、报表及控件的记录源，返回或设置
指定窗体、报表、列表框控件或组合框控件记录源的 ADO（或 DAO）记录集对象。RecordSet
属性可读/写，根据记录集的类型（ADO 或 DAO）和包含在由此属性标识的记录集中的数据
类型（Access 或 SQL）来确定，如表 8-1 所示。

表 8-1　　　　　　　　　　　　　　　　　RecordSet 属性

记　录　集	基于 SQL 数据	基于 Access 数据
ADO	可读/写	可读/写
DAO	—	可读/写

需要注意的是，更改由当前窗体 RecordSet 属性返回记录集中的记录时，将同时重置窗
体的记录；更改窗体的 RecordSet 属性也将更改 RecordSource、RecordSetType 和 RecordLocks
属性；此外，与数据相关的一些属性可能会被替代，例如 Filter、FilterOn、OrderBy 和 OrderByOn
属性。

（2）RecordSource 属性。RecordSource 属性可指定窗体或报表的数据源。RecordSource
属性可读/写，其设置值可以为表名称、查询名称或 SQL 语句。由于 RecordSource 属性的值
是字符串型的，因此，在 VBA 中可以使用字符串表达式来设置此属性。

在创建窗体或报表后，可以更改 RecordSource 属性来更改其数据源，也可以更改 RecordSource 属性限制包含在窗体记录源中的记录数。

【例 8.3】 在"住院管理信息.accdb"文件中的"住院医生护士信息窗体"上有一个组合框控件 comboPost，该控件用于选定医生护士的职称。请用 SQL 语句返回所选定职称的医生护士信息，"职称"的数据类型为文本型，并根据选定职称的信息将"住院医生护士信息窗体"的记录源更改为"住院医生护士信息表"中的有关信息。具体实现代码如下。

```
Sub comboPost_AfterUpdate()
    Dim strSQL As String
    strSQL = "Select * From住院医生护士信息表" & "Where 职称 = ' " & Me!comboPost & " ' "
    Me.RecordSource = strSQL    '设置窗体的记录源属性
End Sub
```

【例 8.4】 在"住院管理信息.accdb"文件中已设计好了一个表格式表单窗体"住院病人信息窗体"，其可以输出"住院病人信息表"的相关字段信息。请按照以下功能要求，进行补充设计。

例 8.4

（1）在修改窗体当前记录时，弹出对话框提示"当前选择的病人是***！"。

（2）单击"删除记录"按钮，直接删除窗体上的当前记录。

（3）单击"退出"按钮，关闭窗体。

在"住院病人信息窗体"上修改当前记录的效果如图 8-6 所示。

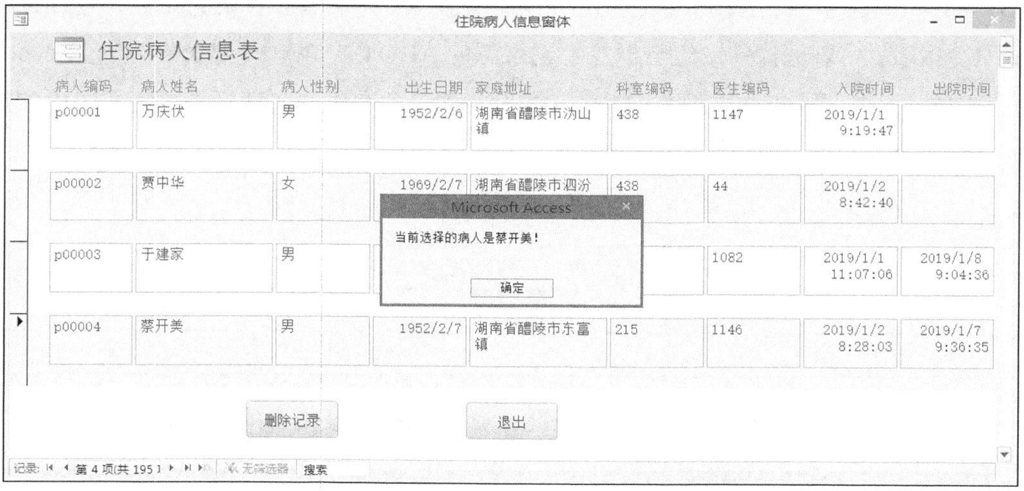

图 8-6　在窗体上修改当前记录的效果

具体实现代码如下。

```
'在表格式表单窗体上修改当前记录时触发 Form_Current 事件
Private Sub Form_Current()
    MsgBox "当前选择的病人是" & Me! 病人姓名        ' "病人姓名"为文本框控件名称
```

```
End Sub
'单击 "删除记录" 按钮, 直接删除窗体上的当前记录
Private Sub cmdDelete_Click()
    Me.RecordSet.Delete
End Sub
'单击 "退出" 按钮, 关闭窗体
Private Sub cmdQuit_Click()
    DoCmd.Close
End Sub
```

8.3　本 章 小 结

本章主要介绍了应用 VBA 编程完善数据库功能的方法和技术。读者通过学习本章的应用实例, 能够掌握创建用户自定义解决方案的方法, 从而更有效地管理数据库。

8.4　习　　题

一、单选题

1. 在 Access 中, DAO 的含义是（　　　）。

   A. 开放数据库互连应用编程接口　　B. 数据库访问对象

   C. Active X 数据对象　　　　　　　　D. 数据库动态链接库

2. 在 Access 中, ADO 的含义是（　　　）。

   A. 开放数据库互连应用编程接口　　B. 数据库访问对象

   C. Active X 数据对象　　　　　　　　D. 数据库动态链接库

3. 下列能够实现从指定记录集中检索特定字段值的方法是（　　　）。

   A. Nz　　　　　　B. Find　　　　　　C. Lookup　　　　　D. DLookup

二、填空题

1. DAO 模型中主要包括＿＿＿＿、＿＿＿＿、＿＿＿＿、＿＿＿＿、＿＿＿＿、＿＿＿＿及＿＿＿＿7 个对象。

2. ADO 模型中主要控制的对象有＿＿＿＿、＿＿＿＿、＿＿＿＿、＿＿＿＿和＿＿＿＿。

3. 对于已经设计好的表格式表单窗体 "住院医生护士信息窗体", 可以输出 "住院医生护士信息表" 中的相关字段信息, 请按照以下功能要求进行补充设计: 修改窗体当前记录时, 弹出对话框提示 "是否需要删除该记录?", 用户单击 "是" 按钮, 则直接删除当前记录; 用户单击 "否" 按钮, 则什么都不做。其效果如图 8-7 所示。

```
'在表格式表单窗体上修改当前记录时触发
Private Sub
    If MsgBox("是否需要删除该记录?", vbQuestion + vbYesNo, "确认")= _____ Then _____
    End If
End Sub
```

图 8-7   住院医生护士信息窗体

三、问答题

1. VBA 提供的数据访问接口有哪几种？

2. ADO 的中文全称是什么？其 3 个核心对象是什么？

3. 简述 VBA 使用 ADO 访问数据库的一般步骤。